Os desafios regulatórios que afetam o agronegócio exportador

casos práticos e lições de como enfrentá-los

Os desafios regulatórios que afetam o agronegócio exportador

casos práticos e lições de como enfrentá-los

Organizadora:
Adriana Dantas

Colaboradores:
Adriano Zerbini
André Ricardo Passos de Souza
Andrew Shoyer
Christian Lohbauer
Dave Wharwood
Géraldine Kutas
Khosrow Kyanian
Larissa Popp Abrahão
Marilia Rangel
Milena da Fonseca Azevedo
Ralph Melles Sticca
Rodrigo C. A. Lima

EDITORA SINGULAR

São Paulo
2014

Dados Internacionais de Catalogação na Publicação (CIP)

D441

Os desafios regulatórios que afetam o agronegócio exportador: casos práticos e lições de como enfrentá-los. / Adriana Dantas (Org.). São Paulo: Singular, 2014.

190 p.

ISBN: 978-85-86626-72-2

Colaboradores: Adriana Dantas, Adriano Zerbini, André Ricardo Passos de Souza, Andrew Shoyer, Christian Lohbauer, Dave Wharwood, Géraldine Kutas, Khosrow Kyanian, Larissa Popp Abrahão, Marilia Rangel, Milena da Fonseca Azevedo, Ralph Melles Sticca, Rodrigo Lima.

1. Agricultura, comércio internacional, regulação. 2. Produto agrícola, comércio internacional, regulação. 3. Comércio internacional, regulação. 4. Comércio exterior, regulação 5. Organização Mundial do Comércio (OMC). I. Dantas, Adriana (Org.).

CDU: 339.5:63
CDD: 382.41

Revisão: Paola Morsello
Diagramação: Microart
Capa: Aeroestudio
Foto de capa: Fotosearsh/Easypix Brasil

Editora Singular

Tel/Fax: (11) 3862-1242
www.editorasingular.com.br
singular@editorasingular.com.br

Agradecimentos

Esta obra é fruto do empenho de uma equipe multidisciplinar, há muito dedicada ao crescimento do agronegócio brasileiro.

Primeiramente, agradeço a todos os autores que acreditaram na publicação e dividiram suas experiências com o objetivo de impulsionar a evolução do Direito do Comércio Internacional no que concerne à regulação do setor agrícola.

Agradeço, em especial, ao apoio recebido de Barbosa, Müssnich & Aragão Advogados, com destaque para a dedicação das equipes de Comércio Internacional e de Marketing.

Por fim, agradeço a Sidley Austin pela valiosa contribuição e apoio à publicação, em especial a Andy Shoyer.

Sumário

Sobre a organizadora

Adriana Dantas

Lidera as práticas de Comércio Internacional e Ética Corporativa (anticorrupção e *compliance*) de Barbosa, Müssnich e Aragão Advogados. Atuou como advogada sênior no escritório King & Spalding LLP, em Washington, D.C., entre 2008 e agosto de 2011, e representou clientes, incluindo setores da indústria brasileira, perante autoridades norte-americanas, europeias e a Organização Mundial do Comércio (OMC) e perante autoridades americanas como o USDOJ. Atuou como advogada em Brasília, São Paulo, Londres e Genebra, com estágios na Missão Brasileira perante a OMC e na United Nations for Trade and Development, ambas em Genebra. Palestrante em eventos nos Estados Unidos, Europa e Brasil, foi professora de Direito do Comércio Internacional de cursos de extensão da Florida International University e membro da equipe de Agronegócios e Biocombustíveis da FGV Projetos. Reconhecida pela excelência dos seus serviços pela Chambers e Latin Lawyer 250, é autora de várias publicações, com destaque para "The intersect between agriculture and climate change policies", *Journal of World Trade*, n. 45, 2011; e *Subsídios agrícolas*: regulação internacional. São Paulo: Saraiva, 2009. É membro do Comitê de Comércio Internacional da American Bar Association e da Sociedade de Direito Internacional Econômico (SIEL). Admitida pela OAB, seções Brasília-DF, São Paulo-SP e Rio de Janeiro, e pela DC Bar como advogada estrangeira, é sócia de Barbosa, Müssnich e Aragão Advogados desde outubro de 2011.

Sobre os colaboradores

Adriano Zerbini

Graduado em Geografia pela Universidade de São Paulo (USP), e Pós-graduado em Relações Internacionais pelo Instituto de Estudos Políticos de Paris (IEP) e em Administração de Empresas pela Fundação Getulio Vargas (FGV-SP), é gerente executivo de Relações Corporativas Internacionais da BRF. Foi assistente de marketing da área de Fundos Globais do Banco BNP Paribas em Paris, chefe de Gabinete e secretário-adjunto da Secretaria Municipal de Relações Internacionais, coordenador da Secretaria do Governo Municipal da Prefeitura de São Paulo, gerente de Projetos de Investimentos da Secretaria de Desenvolvimento e assessor internacional da Casa Civil do Governo do Estado de São Paulo. Foi ainda gerente de Relações com o Mercado da União Brasileira de Avicultura (UBABEF).
Entre suas publicações, destacam-se:
NASSAR, A. M.; NOGUEIRA, S.; ZERBINI, A. N. Implicações sobre o comércio de carne de frango da paralisação do Acordo Doha. *Pontes entre o comércio e o desenvolvimento sustentável*, ICTSD/FGV, v. 5, n. 5, nov. 2009. Disponível em: <http://ictsd.org/downloads/pontes/pontes5-5.pdf>.

André Ricardo Passos de Souza

Advogado especializado em Direito Tributário, Direito Processual Civil e Negócios Internacionais, atua como Sócio Administrador de Passos e Sticca Advogados Associados. Anteriormente sócio de um escritório de Direito Fiscal de empresa de advocacia líder e consultor tributário da PricewaterhouseCoopers, integrou também a equipe de advogados do Banco BBM S.A. Possui LLM em Finanças e Direito do Mercado de Capitais pelo IBMEC/SP e MBA em Finanças e Mercado de Capitais de MP/Banco BBM S/A, graduação em Direito pela Universidade Estadual do Rio de Janeiro; além de estar cursando Doutorado em Administração (*Doctorate in Business Administration*) na FGV/ESC Rennes School of Business (França). É membro da Associação Paulista de Estudos Tributários (APET), da Associação Brasileira de Direito Tributário (ABDT), da Associação Brasileira de Direito Financeiro (ABDF) e da International Fiscal Association (IFA). Também é professor dos cursos de MBA em Gestão Estratégica do Agronegócio e MBA em Gestão de Tributos e Planejamento Tributário, ambos da Fundação Getulio Vargas (FGV).

Entre suas publicações, destacam-se:

SOUZA, A. R. P. A antinomia das normas veiculadas pela Lei n. 12.249/10 diante da proteção constitucional aos investimentos realizados por estrangeiros no Brasil. *Revista de Direito Tributário da APET*, v. VIII, p. 13-43, 2011.

SOUZA, A. R. P. A tributação das operações com créditos de carbono. *Revista de Direito Tributário da APET*, v. V, p. 41-84, 2008.

SOUZA, A. R. P.; BURANELLO, R.; PERIN JUNIOR, E. (coord.). *Direito do agronegócio: mercado, regulação, tributação e meio ambiente.* São Paulo: Quartier Latin, 2011.

BURANELLO, R.; SOUZA, A. R. P.; PERIN JUNIOR, E. Taxation issue on agricultural and animal husbandry production, industrialization and commerce in Brazil. In: PASSOS, A. R.; STICCA, R. M. (org.). *Agribusiness Law*: market, regulation, taxation and environment. 1. ed. São Paulo: Quartier Latin, 2011. v. 1, p. 771-804.

Andrew Shoyer

Sócio do escritório Sidley Austin, baseado em Washington, D.C., em que é líder da equipe de Comércio Internacional e Solução de Controvérsias, tem atuação com foco na implementação e execução de acordos de comércio internacional e de investimento. Foi analista da Representação de Comércio dos EUA (USTR) e funcionário da OMC. Assessora empresas, associações comerciais e governos em questões relacionadas à OMC, ao Acordo de Livre Comércio da América do Norte (NAFTA) e outros acordos internacionais de acesso a mercados, investimento e solução de controvérsias. Tem grande experiência na representação de empresas na Ásia e na proteção de direitos de propriedade intelectual em negociações bilaterais e regionais de livre comércio. Atuou no assessoramento de empresa de telecomunicações no questionamento de condições desleais de concorrência no México, e associação brasileira no uso das regras da OMC para endereçar barreiras regulatórias europeias que afetavam o comércio de combustíveis renováveis.

Serviu por sete anos no USTR, e mais recentemente como Consultor Legal na missão dos EUA para a OMC em Genebra. Foi o principal negociador dos EUA na negociação das regras que implementam o Entendimento sobre Solução de Controvérsias (ESC) e participou de diversas controvérsias apresentadas ao Órgão de Solução de Controvérsias (OSC) da Organização. Antes de chegar a Genebra, foi Conselheiro Assistente Geral ao USTR em Washington D.C., em cujo âmbito atuou como negociador de regras de acesso a mercado do Acordo NAFTA, bem como de acordos-quadros com diversos países da América Latina. Atuou também junto ao Congresso dos EUA em questões de política comercial e agências regulatórias do Executivo.. É professor de Política Comercial Internacional da School of Foreign Service, da Georgetown University.

Christian Lohbauer

Mestre e Doutor em Ciência Política pela Universidade de São Paulo (USP), é membro do Gacint/USP desde 1999. Foi bolsista da Fundação Konrad Adenauer na Universidade de Bonn, Alemanha, entre 1994 e 1997, e gerente de Relações Internacionais da Federação das Indústrias do Estado de São Paulo (FIESP), entre 2002 e 2005. Em 2005, foi Secretário Adjunto de Relações Internacionais do Município de São Paulo. Exerceu o cargo de Diretor Executivo da Associação Brasileira dos Produtores e Exportadores de Frangos (ABEF) de fevereiro de 2006 e abril de 2009 e foi presidente executivo da Associação Nacional dos Exportadores de Sucos Cítricos (CitrusBR) entre 2009 e 2013. É Vice-presidente de Assuntos Corporativos e Governamentais da Bayer.

Entre suas publicações, destacam-se:

LOHBAUER, Christian (coord.). Acesso a mercados para bens não-agrícolas. In: THORSTENSEN, Vera; JANK, Marcos (ed.). *O Brasil e os grandes temas do comércio internacional.* São Paulo: Aduaneiras, 2005.

LOHBAUER, Christian. Alca: uma perspectiva dos desafios do Brasil. In: AMARAL JR., Alberto; RATTON, Michelle (org.). *O Brasil e a Alca: os desafios da integração.* São Paulo: Aduaneiras, 2003. p. 241-258.

LOHBAUER, Christian. O Brasil, o Mercosul e a União Européia: os desafios de uma relação complementar. In: AMARAL JR., Alberto; RATTON, Michelle (org.). *União Européia.* São Paulo: Aduaneiras, 2002. p. 143-189.

Dave Wharwood

Advogado associado à equipe de Comércio Internacional e de resolução de disputas do escritório Sidley Austin, em Washington, D.C., com experiência em questões de antidumping e subsídios e participação em investigações e revisões de direitos conduzidas pelo Departamento de Comércio (DOC), pela Comissão de Comércio Internacional (ITC) e pela Corte de Direito Internacional (CIT) dos EUA. Tem atuado também como consultor em questões de controle de licenciamento de exportação, transações financeiras e investigações conduzidas pelo Departamento do Tesouro dos EUA. Também atuou em revisões de investimento estrangeiro conduzidas pelo Comitê de Investimento Estrangeiro dos EUA (CFIUS), em questões concorrenciais e na representação de empresas em operações de fusão perante o Departamento de Justiça dos EUA. Trabalhou por muitos anos como analista de comércio da Administração de Comércio Internacional dos EUA (ITA), com foco em acesso a mercado e *compliance* entre EUA e União Europeia. Como Coordenador do Diálogo de Negócios Transatlânticos no ITA, Dave ajudou a desenvolver questões-chaves de mercado para as reuniões de grupo do Secretariado de negócios e ajudou a preparar questões de acesso a mercado para discussões em grandes fóruns multilaterais.

Géraldine Kutas

Doutora em Economia Internacional pelo Institut d'Études Politiques de Paris, Mestre em Estudos Econômicos Latino-Americanos pela Georgetown University, em Washington, e Bacharel em Relações Internacionais pela Universidade Latina de Costa Rica, atua como assessora sênior da presidência da União da Indústria de Cana de Açúcar (UNICA) para Assuntos Internacionais desde 2007. Foi pesquisadora sênior e professora do Grupo de Economia Mundial na Sciences Po, de Paris, responsável pelo programa "European Biofuels Policy" e pelo acompanhamento das negociações agrícolas na Organização Mundial do Comércio (OMC) e das negociações agrícolas Mercosul-União Europeia. Também foi consultora do Banco Interamericano de Desenvolvimento (BID), responsável pela análise da evolução das políticas agrícolas em países-chaves e pela elaboração, em conjunto com outros especialistas, de possíveis cenários para a Rodada Doha da OMC e para a conclusão dos acordos da Área de Livre Comércio das Américas (ALCA) e União Europeia-Mercosul.

KHOSROW KYANIAN

Atualmente cursando bacharelado em Direito e Comércio (Finanças) na Universidade de Sidney, trabalhou como estagiário na área de comércio internacional e resolução de disputas do escritório Sidley Austin. Atualmente é paralegal e assistente de pesquisa no escritório de advocacia australiano Maurice Byers Chambers.

LARISSA POPP ABRAHÃO

Bacharel em Relações Internacionais pela Universidade de São Paulo (USP), trabalhou nas áreas internacionais da editora Companhia das Letras e do Banco Santander, e na área de relações com investidores da Invest Tur S.A. e da Gafisa S.A. É Diretora de Relações Internacionais da Associação Nacional dos Exportadores de Sucos Cítricos (CitrusBR), onde trabalha desde sua fundação, em 2009.
Entre suas publicações, destacam-se:
LOHBAUER, C.; CARITÁ, L.S.; ABRAHÃO, L.P. O contencioso do suco de laranja entre Brasil e Estados Unidos na OMC. In: FAUSTO, S.; VEIGA, P. M.; SORJ, B. (coord.). *Política externa:* o papel do Brasil na América do Sul, São Paulo, Paz e Terra, v. 20, n. 2, 2011.

MARILIA RANGEL

Bacharel em Relações Internacionais pela Universidade de São Paulo (USP), em 2011 participou do 18th Programme on the Management of Sustainability e do 3rd Executive Programme on Sustainable Development Diplomacy, realizado na Holanda e organizado pela Sustainability Challenge Foundation, em parceria com a Universidade de Wagenigen e e com a Fletcher School of Law and Diplomacy. De 2003 a 2008, foi tradutora voluntária do Banco Interamericano de Desenvolvimento. Fez parte da equipe da União Brasileira de Avicultura e desde maio de 2014, após a fusão com a ABIPECS, é coordenadora de Mercado Externo da Associação Brasileira de Proteína Animal (ABPA).
Entre suas publicações, destacam-se:
LOHBAUER, C.; MARTINS, M. R. R. Negociando com a União Europeia. In: AYERBE, L. F.; BOJIKIAN, N. M. P. *Negociações econômicas internacionais.* São Paulo: Ed. Unesp, 2011.
MALUF, A. F.; MARTINS, M. R. R.; ZUPPANI, P. E. Barreiras sanitárias e fitossanitárias à soja brasileira. In: DALLARI, P. B. de A. *Temas contemporâneos de relações internacionais.* São Paulo: Aduaneiras, 2006.

MILENA DA FONSECA AZEVEDO

Bacharel em Direito pela Fundação Getulio Vargas (FGV), atua como advogada no BM&A Advogados na área de comércio internacional e ética corporativa e é monitora da FGV na competição internacional *ELSA Moot Court Competition on WTO Law.* Foi pesquisadora do Núcleo de Direito Global da FGV. Participou do Programa de Capacitação em Política Comercial da Embaixada do Brasil em Washington, D.C., e é autora dos artigos:
AZEVEDO, M. F. As questões da agenda de comércio de propriedade intelectual brasileira frente aos padrões regulatórios dos acordos preferenciais de comércio. *Revista Discente DireitoGV,* ago. 2012.
SANCHEZ BADIN, M. R.; AZEVEDO, M. F. Novos temas regulados pelos acordos preferenciais de comércio: inovações e problematizações. In: OLIVEIRA, I. T. M.; SANCHEZ BADIN, M. R. *Tendências re-*

gulatórias nos acordos preferenciais de comércio no século XXI: os casos de Estados Unidos, União Europeia, China e Índia. Brasília: Ipea, 2013.

______. A regulação de compras governamentais nos APCs. In: OLIVEIRA, I. T. M.; SANCHEZ BADIN, M. R. *Tendências regulatórias nos acordos preferenciais de comércio no século XXI*: os casos de Estados Unidos, União Europeia, China e Índia. Brasília: Ipea, 2013.

______. A regulação de concorrência nos APCs. In: OLIVEIRA, I. T. M.; SANCHEZ BADIN, M. R. *Tendências regulatórias nos acordos preferenciais de comércio no século XXI*: os casos de Estados Unidos, União Europeia, China e Índia. Brasília: Ipea, 2013.

______. A regulação de meio ambiente e questões trabalhistas nos APCs. In: OLIVEIRA, I. T. M.; SANCHEZ BADIN, M. R. *Tendências regulatórias nos acordos preferenciais de comércio no século XXI*: os casos de Estados Unidos, União Europeia, China e Índia. Brasília: Ipea, 2013.

Ralph Melles Sticca

Mestre em Controladoria e Contabilidade pela Universidade de São Paulo (2012), possui Graduação em Administração pela Universidade de São Paulo (2003), em Ciências Jurídicas e Sociais pela Universidade de Ribeirão Preto (2004) e em Ciências Contábeis pela Universidade de São Paulo (2009). É especialista em Direito Tributário pelo Instituto Brasileiro de Estudos Tributários (2006). É sócio de Passos e Sticca Advogados Associados. Foi conselheiro fiscal da Company S/A (Brookfield Incorporações Imobiliárias S/A) de 2007 a 2009, e consultor tributário da PricewaterhouseCoopers. É professor dos cursos de MBA da Fundação Getulio Vargas (FGV), da Fundace Business School (USP) e do Instituto Nacional de Pesquisas e Estudos Tributários (INPET). Professor convidado do Curso de Especialização em Direito Tributário da Faculdade de Direito de Ribeirão Preto (USP), tem experiência nas áreas de Direito Tributário (consultivo, contencioso administrativo, judicial e internacional), Societário, Comercial e Previdenciário, Controladoria e Contabilidade, atuando principalmente com os seguintes temas: Planejamento Tributário, Controladoria e Contabilidade, Mercado Financeiro e de Capitais e operações do Agronegócio. É membro da International Fiscal Association (IFA) e da Associação Brasileira de Direito Financeiro (IBDF).

Entre suas publicações, destacam-se:

PASSOS, A. R.; STICCA, R. M.. Aspectos contábeis e tributários das companhias securitizadoras do agronegócio. In: BURANELLO, R.; PASSOS DE SOUZA, A. R.; PERIN JR., E. (org.). *Direito do agronegócio: mercado, regulação, tributação e meio ambiente.* São Paulo: Quartier Latin, 2013. v. 2, p. 637-667.

PASSOS, A. R.; STICCA, R. M. Aspectos tributários da parceria rural diante das alterações ao Estatuto da Terra. In: BURANELLO, R.; PASSOS DE SOUZA, A. R.; PERIN JR., E. (org.). *Direito do agronegócio:* mercado, regulação, tributação e meio ambiente. São Paulo: Quartier Latin, 2011. v. 1, p. 771-789.

PASSOS, A. R.; STICCA, R. M. Tributação e agronegócio. Produção e comercialização agropecuária. *Agroanalysis (FGV)*, v. 26, p. E11-E14, 2006.

STICCA, R. M. Tributação nas operações de exportação e de pré-pagamento à exportação: regime jurídico e questões práticas. In: BURANELLO, R.; PASSOS DE SOUZA, A. R.; PERIN JR., E. (org.). *Direito do agronegócio:* mercado, regulação, tributação e meio ambiente. São Paulo: Quartier Latin, 2011. v. 1, p. 849-900.

STICCA, R. M.; NAKAO, S. H. Fatores que promovem discordâncias entre fisco e contribuinte a respeito da comprovação de hedge. *Revista Contemporânea de Contabilidade (UFSC)*, v. 10, p. 25-50, 2013.

Rodrigo C. A. Lima

Advogado, Doutorando em Direito das Relações Econômicas Internacionais pela Pontifícia Universidade Católica de São Paulo (PUC-SP), e Mestre em Direito Internacional pela Universidade Federal de

Santa Catarina (UFSC), é autor do livro *Medidas sanitárias e fitossanitárias na OMC: neoprotecionismo ou defesa de objetivos legítimos*. É gerente-geral de Agroicone Ltda., onde trabalha com a agenda de agricultura, negociações internacionais e questões regulatórias. Possui experiência sobre barreiras não tarifárias e sua regulamentação na OMC, acompanha as negociações da Convenção Quadro das Nações Unidas sobre Mudanças do Clima e do Protocolo de Quioto, bem como da Convenção sobre Diversidade Biológica e do Protocolo de Cartagena sobre Biossegurança. Além disso, trabalha com projetos ligados ao desenvolvimento sustentável, padrões privados e certificações e pagamentos por serviços ambientais.

Entre suas publicações, destacam-se:

LIMA, R. C. A. Adequação das propriedades agrícolas ao novo Código Florestal brasileiro. *Visão Agrícola*, ESALQ/USP, v. 10, p. 22, 2012.

LIMA, R. C. A. Agricultura europeia mais verde. *Terra Sustentabilidade*. Disponível em: <http://invertia.terra.com.br/sustentabilidade/noticias/0,,OI6000294-EI10411,00-Agricultura+europeia+mais+verde.html>. Acesso em: 18 jul. 2012.

LIMA, R. C. A. Garantias financeiras no Protocolo de Nagóia e Kuala Lumpur e as regras da Organização Mundial do Comércio. *Revista Brasileira de Comércio Exterior*, ano XXV, jul.-set. 2011.

LIMA, R. C. A. O novo Código Florestal no plano internacional. *Pontes entre o Comércio e o Desenvolvimento Sustentável*, v. 7, n. 2, jun. 2011.

LIMA, R. C. A.; FERREIRA, M. Incentivos e sanções nas políticas brasileiras de mudanças climáticas e o papel dos inventários de emissões. *A redução de emissões de gases de efeito estufa e a legislação*. São Paulo, 2011. Disponível em: <http://tellus.uspnet.usp.br/mudarfuturo/PDF/Atualizacao_11_04052011.pdf>.

LIMA, Rodrigo C. A. A agricultura e seus inimigos. *Gazeta do Povo*, 12 mar. 2013.

LIMA, Rodrigo C. A. O valor das florestas brasileiras. *Gazeta do Povo*, 15 fev. 2013.

LIMA, Rodrigo C. A. Protocolo de Nagóia e Agropecuária. *Gazeta do Povo*, 22 abr. 2013.

LIMA, Rodrigo C. A. Trade and the supplementary protocol: how to achieve mutual supportiveness. In: SHIBATA, Akiho (ed.). *International liability regime for biodiversity damage, the Nagoya-Kuala Lumpur Supplementary Protocol*. New York: Routledge, 2014.

LIMA, R. C. A. et al. *Low impact agriculture*: building the Brazilian green economy. Institute for International Trade Negotiations, jun. 2012: Disponível em: <http://www.iconebrasil.org.br/arquivos/noticia/2480.pdf>.

LIMA, Rodrigo C. A. et al. Efeitos da aplicação do novo Código Florestal sobre o pequeno produtor e a viabilidade ambiental da agricultura familiar. In: CGEE, *A pequena produção rural e as tendências do desenvolvimento agrário brasileiro*: ganhar tempo é possível? Brasília: CGEE, 2013.

LIMA, Rodrigo C. A. et al. *Low impact agriculture: building the Brazilian green economy*. 2012. Disponível em: <http://www.iconebrasil.com.br/publication/study/details/658>.

Prefácio

O resultado da Balança Comercial Brasileira de 2013 explica, por si só, a relevância do agronegócio na geração de divisas do nosso País. Para um saldo comercial praticamente nulo, o agronegócio gerou um superávit de US$ 80 bilhões na balança, aproximadamente o mesmo valor do déficit gerado por todos os demais setores da economia brasileira. É fácil entender esse impressionante resultado. Dentre os quase 150 países exportadores de produtos do agronegócio, estamos no topo da lista dos principais produtos. Em 2013, o Brasil foi o maior exportador mundial de açúcar, café, suco de laranja, soja em grão, milho, carne bovina e carne de frango. Foi ainda o segundo maior exportador de etanol e o quarto em carne suína.

Esse desempenho excepcional, que coloca o Brasil como o mais competitivo modelo de agricultura tropical do mundo, é explicado por um conjunto de fatores que envolvem condições agroclimáticas altamente favoráveis, associadas a maciços investimentos em P&D, infraestrutura e capital humano ao longo de várias décadas. Como consequência, o País apresentou nos últimos 10 anos a maior taxa de crescimento da produtividade agrícola do planeta, período em que nossa produção de alimentos mais do que duplicou. O PIB do agronegócio já representa quase um quarto do PIB nacional, e o setor emprega mais de um terço da população economicamente ativa do País.

Mas não basta produzir bem. O sucesso de qualquer atividade econômica requer necessariamente uma comercialização eficiente e inserida em um ambiente institucional com regras claras e equânimes entre os países. Um comércio livre e sem distorções beneficia não apenas os produtores mais eficientes mas, principalmente, os consumidores de todo o mundo, que passam a ter acesso a produtos de melhor qualidade e mais baratos. É nesse contexto que surge a Organização Mundial do Comércio (OMC), para a formulação destas regras e para o desenvolvimento dos mecanismos que garantam o seu cumprimento. Os produtos agrícolas e agroindustriais frequentemente enfrentam barreiras comerciais, sejam de natureza tarifárias ou não tarifárias, e são objeto de engenhosos e distorcivos mecanismos de proteção e subsídios à produção doméstica. Não por acaso, a agricultura foi alvo de acordo específico no âmbito da OMC.

É sobre esses temas que trata a presente obra. A Dra. Adriana Dantas, organizadora deste livro e profissional de competência inconteste na área do direito e do comércio internacional, soube identificar com maestria questões atuais e relevantes que irão oferecer aos leitores um profundo mergulho no conhecimento das questões críticas ao agronegócio exportador.

O livro traz um equilíbrio harmônico entre o conhecimento teórico e a abordagem prática. Permite ao leitor entender, por meio de análises críticas e estudos de casos recentes da OMC, as novas barreiras ao comércio, as quais oferecem não somente riscos mas também oportunidades à atividade exportadora. Apresenta temas diversos e atuais, a exemplo das novas questões ambientais e da segurança do alimento, e revisita discussões recentes de protecionismo, como as da laranja nos EUA, do etanol e do frango na União Europeia, e do acesso ao crédito *vis-à-vis* as exportações de grãos.

Os autores dos artigos são profundos conhecedores do comércio internacional do agronegócio e trazem consigo uma notável experiência prática. O envolvimento direto desses especialistas nos casos aqui abordados garante a riqueza das discussões e a compreensão das estratégias adotadas e dos resultados obtidos. Foram diversos os colaboradores: além da coordenadora Adriana Dantas, também contribuíram Adriano Zerbini, André Ricardo Passos de Souza, Andrew Shoyer, Christian Lohbauer, Dave Wharwood, Géraldine Kutas, Khosrow Kyanian, Larissa Popp Abrahão, Marilia Rangel, Milena da Fonseca Azevedo, Ralph Melles Sticca e Rodrigo C. A. Lima.

Apresentar este trabalho inovador é, para mim, motivo de elevada distinção, e estou seguro de que será uma referência e leitura obrigatória para todos os interessados no tema.

Eduardo Leão de Sousa

Junho de 2014

Apresentação

O comércio agrícola representa para a balança comercial brasileira cerca de 40% das exportações anuais, tendo havido poucas variações durante os últimos 20 anos (de 1989 a 2012), conforme o gráfico abaixo. O mercado agrícola é, portanto, basilar para a economia brasileira e uma grande fonte de recursos para o mercado interno.

Gráfico - Evolução anual da balança comercial brasileira e do agronegócio - 1989 a 2012 - (em US$ bilhões)

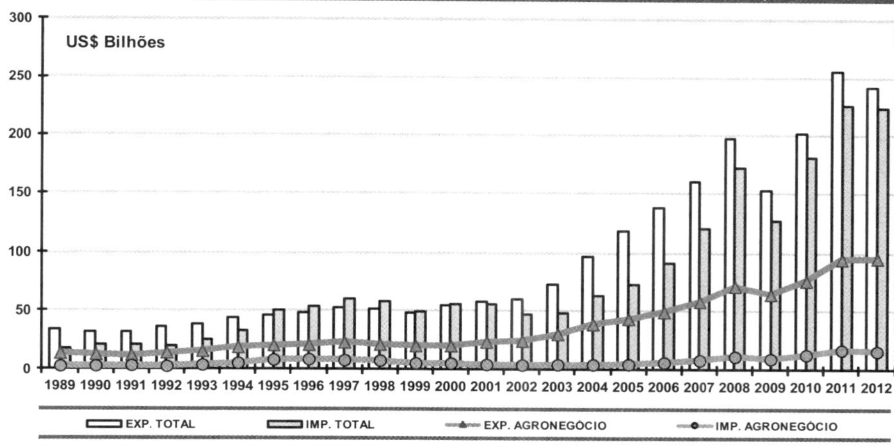

Fonte: AgroStat Brasil, a partir de dados da SECEX/MDIC — Elaboração: CGOE/ DPI/ SRI/ MAPA

Diante da importância do agronegócio exportador para a realidade econômica do Brasil, este livro traz as novas tendências e desafios internacionais regulatórios enfrentados pelo setor agrícola e soluções, com a apresentação de estudos de casos por advogados ou representantes do setor que atuaram diretamente na defesa do setor nos casos discutidos.

O sucesso do agronegócio exportador brasileiro depende de vários fatores, dentre os quais se destacam: eficiência produtiva e logística, condições favoráveis ao cultivo, sustentabilidade da produção, acesso a crédito e observância às exigências regulatórias impostas pelos mercados de destino. Tais exigências ditam as condições de acesso a mercados externos, do que decorre a importância da sua análise ainda no planejamento estratégico exportador como medida essencial para a abertura e consolidação de posição em mercados externos.

A regulação internacional do comércio agrícola mundial tem como marco o Acordo sobre Agricultura (AsA) da Organização Mundial de Comércio (OMC), que estabelece regras relativas a subsídios, apoio doméstico e acesso a mercados. Além desse acordo, outros acordos da OMC regulam o comércio agrícola em seus outros aspectos, como o Acordo de Medidas Sanitárias e Fitossanitárias (Acordo SPS), que regula aspectos técnicos do comércio alimentício. Após quase 20 anos da assinatura desses acordos, a regulação internacional no tema vem alcançando progressos com o Órgão de Solução de Controvérsias (OSC), que tem interpretado esses acordos por meio das disputas encaminhadas pelos Membros da OMC. A mais nova tendência regulatória dos temas comerciais são os acordos preferenciais de comércio (APCs), que têm ido além dos acordos da OMC na regulação agrícola. Esses temas serão introduzidos no primeiro artigo deste livro, que focará na evolução regulatória do comércio agrícola mundial nos últimos 20 anos de regulação do comércio agrícola.

Não obstante, a prática tem demonstrado que os Membros da OMC, hoje, utilizam barreiras de natureza diversa, para restringir o acesso de produtos estrangeiros a seus mercados. Isso ocorre, em especial, com barreiras técnicas (TBT) e sanitárias e fitossanitárias (Acordo SPS). Tais barreiras adquirem a forma de exigências de certificação, descrição de produtos em classificação fiscal, requisitos de embalagens, métodos e padrões de produção, entre outros fatores. Essas questões serão discutidas de forma abrangente no segundo artigo deste livro, com foco nas questões ambientais e nas convergências das regulações sanitárias e a agricultura.

Há uma tendência crescente à utilização de restrições diversas às importações pelos principais parceiros comerciais brasileiros. Essas restrições são comumente amparadas em preocupações legítimas com segurança alimentar, saúde pública e mudanças climáticas, mas sempre visam a proteger a indústria local. Nesse sentido, os artigos terceiro ao sexto vêm apresentar políticas internas americanas e europeias no setor agrícola que podem ser impeditivas ao comércio agrícola mundial, com foco nos interesses brasileiros. Essas políticas são apreciadas com base no estudo de casos apresentados por profissionais que atuaram diretamente na defesa dos interesses brasileiros nesses contenciosos ou discussões.

Ademais, há fatores relevantes que desafiam a atividade exportadora do agronegócio brasileiro, entre eles o acesso ao crédito e a falta de clareza e segurança jurídica nas transações internacionais em um contexto de descumprimento de cláusulas contratuais, tema amplamente discutido no sétimo artigo.

Por fim, questões de cunho global vêm afetando as políticas agrícolas, tais quais as mudanças climáticas. A agricultura, sob essa ótica, tem sido um obstáculo, a solução e a causa desse problema global. Nessa perspectiva, o último artigo deste livro vem discutir as políticas agrícolas implantadas pelos demais países para controlar as mudanças climáticas, sua compatibilidade com as regras de comércio internacional e a eficácia das regras da OMC em regular tais políticas.

Sob esses temas, este livro apresenta coletânea de artigos com as novas tendências do mercado agrícola, sua regulação internacional e nos mercados internos que impactam no fluxo de comércio global.

1

A evolução regulatória do comércio agrícola mundial

Adriana Dantas e Milena da Fonseca Azevedo

1. Introdução

Este artigo introdutório traz o panorama da regulação internacional no tema agrícola e sua evolução nos 20 anos de existência da Organização Mundial do Comércio (OMC).

Para isso, seguiremos com a apresentação dos principais marcos regulatórios do setor na OMC, ou seja, o Acordo sobre Agricultura (AsA), que regula o comércio agrícola nas questões de acesso a mercados, regulação doméstica, apoio à exportação, quotas tarifárias e medidas não tarifárias.

O tema agrícola possui ligações com outros acordos da OMC, a citar o Acordo sobre Medidas Sanitárias e Fitossanitárias (Acordo SPS), que determina os parâmetros mínimos para imposição de medidas sanitárias para garantir a segurança alimentar, bem como a saúde humana, animal e vegetal, sem causar distorções ao comércio.

Com o estabelecimento do AsA, os Membros da OMC observaram que, diante do descumprimento dos preceitos acordados, poderiam recorrer ao Órgão de Solução de Controvérsias (OSC) para solucionar as irregularidades cometidas por outros Membros. Diante disso, o OSC passou a implementar os acordos da OMC, de modo a desenvolver o entendimento e interpretação do acordo negociado pelos países, como será trazido na seção 3 deste artigo.

Por fim, após quase 20 anos do estabelecimento do AsA, novas negociações e panoramas são estabelecidos na área, por meio das negociações de acordos preferenciais de comércio (APCs), que vêm trazendo temas além daqueles já negociados na OMC, as chamadas provisões OMC-*plus*. O tema agrícola, apesar de ser ofensivo para muitos países, apresenta grandes evoluções regulatórias. A regulação dos acordos de comércio apresenta aquilo que corresponde ao interesse mais recente dos países e, por isso, traz o que há de mais atual nos padrões regulatórios sobre o tema.

A apresentação da evolução da regulação agrícola mundial será exibida e finalizada pelas perspectivas para o negócio agroexportador brasileiro em termos de regulação agrícola.

2. O Acordo sobre Agricultura da OMC

Desde a fundação do Acordo Geral sobre Tarifas e Comércio (GATT) em 1947, sucessivas rodadas de negociações comerciais multilaterais atingiram reduções tarifárias substanciais e estabeleceram um conjunto de regras consolidadas para bens manufaturados. O comércio agrícola, no entanto, restou marginalizado por conta de prerrogativas de países desenvolvidos, como EUA, Japão e Suíça.

Esses países, devido ao protecionismo interno e altas tarifas, acabaram conquistando o mercado exportador agrícola, e com isso, os dispositivos do GATT passaram a ser exceções aos países desenvolvidos.

Em 1958 foi publicado o Relatório Haberler, feito no âmbito do GATT, em que foram salientados três aspectos críticos no âmbito do setor agrícola: (i) a variedade e amplitude dos instrumentos agrícolas usados pelos países desenvolvidos; (ii) o Comitê responsável pelo relatório mediu a proteção agrícola e concluiu que as taxas eram elevadas; e (iii) ressaltou que vários países em desenvolvimento dependiam da exportação de produtos agrícolas protegidos por países desenvolvidos.

Com o relatório, pouco foi feito e constatou-se que os países passaram a adotar medidas da mesma natureza para proteger-se dos efeitos das mesmas.

Nesse contexto, as quatro primeiras rodadas de negociações comerciais realizadas sob o GATT pouco contribuíram para a liberalização do comércio agrícola.[1] Já que as distorções não eram tarifárias, a consolidação e redução dessas tarifas, quando ocorriam, tinham pouco efeito concreto.

1. Houve quatro rodadas de negociação no âmbito do GATT: (i) Rodada Dillon (1960-1961), que discutiu apenas tarifas; (ii) Rodada Kennedy (1964-1967), que abordou os temas tarifários e medidas antidumping; (iii) Rodada Tóquio (1973-1979), com a discussão dos temas tarifários, das medidas não tarifárias e acordos "quadro"; e (iv) Rodada Uruguai (1986-1994), que discutiu a criação da OMC e todos os temas hoje objeto de acordo na organização, como tarifas, propriedade intelectual, serviços, medidas de defesa comercial, agricultura e outros. Para mais

A Rodada Kennedy foi a primeira rodada em que o tema agrícola foi inserido no mandato negociador. Porém, a rodada não atingiu seus objetivos de reduzir os efeitos das medidas distorcivas e de acesso a mercados.

O mesmo ocorreu diante da Rodada Tóquio. O tema agrícola passou a ser tratado em comitê específico e, por conta do mandato estrito, tirou o poder de barganha de países como os EUA. Além disso, o momento político (Crise do Petróleo, *détente* e Guerra no Oriente Médio) era pouco favorável a uma negociação.

Foi apenas na Rodada Uruguai que se conseguiu estabelecer disciplinas para a liberalização do setor. Estas, no entanto, foram modestas, com delimitações para as distorções, mas pouco tendo sido feito para eliminá-las; além disso, restou espaço para a concessão de subsídios à produção doméstica. O acordo, porém, propõe uma reforma contínua do sistema.

A entrada do tema na agenda de negociação da OMC encontrou grande resistência por parte dos países desenvolvidos, primeiramente, por conta da política interna agrícola muito forte em países como os EUA, por exemplo, ou até mesmo na UE. Esses países possuem fortes grupos que conseguem se articular politicamente para pressionar o governo pela manutenção de ajudas financeiras e, também, barrar reformas em relação ao tema. O *lobby* interno levou governos a se esquivarem da negociação do tema agrícola na OMC. Além disso, há questões ligadas à própria particularidade do tema e dificuldade de negociá-lo, por sua natureza estratégica interna, como segurança alimentar, estabilidade dos preços, políticas alimentares internas, meio ambiente e estabilidade da vida rural.[2]

Ocorre que, por conta dos altos custos e da dúvida quanto à extensão dos benefícios do protecionismo agrícola, por meio da concessão de subsídios, por exemplo, esses países concordaram em negociar a questão agrícola. Isso, porém, com muitas premissas e na esfera principiológica.[3]

Esse breve histórico demonstra a resistência na negociação do acordo agrícola internacionalmente, embora sua importância date já da criação do GATT, até os dias atuais.

Ainda que incipiente, o AsA trouxe evoluções importantes no sistema. O escopo do Acordo está definido em seu Anexo I, que o delimita para os

informações, acessar: <http://www.wto.org/english/thewto_e/whatis_e/tif_e/fact4_e.htm>.

2. Esses temas são abordados de forma detalhada por: TREBILCOCK. Michael J.; HOWSE, Robert. *The regulation of international trade*, 2. ed., London, Routledge, 1999, p. 246-269.
3. TREBILCOCK e HOWSE, op. cit., p. 258.

Capítulos de 1 a 24 do Sistema Harmonizado (SH), excluindo peixes e incluindo outros subitens, entre eles peles, seda, lã, algodão, óleos essenciais, amido e outros.[4]

O AsA instaura o processo de liberalização por meio da adoção de um conjunto de regras em quatro áreas específicas:[5] (i) medidas de apoio doméstico; (ii) subsídios à exportação; (iii) medidas não tarifárias, como quotas de importação; e (iv) tarifas.

Em cada um desses temas houve regulação significativa. Com relação ao apoio doméstico, ficou determinado que este seria quantificado por meio da Medida Agregada de Apoio (AMS, na sigla em inglês)[6] com reduções mínimas de 20% a contar da entrada em vigor do AsA, contando-se do período base de 1986 a 1988. Quanto aos pagamentos diretos a produtores, não estariam sujeitos à redução quando estivessem sob o "Programa de limitação da produção", desde que os pagamentos estivessem baseados em certas áreas e produtos ou feitos a 85% ou menos do nível de base da produção ou, no caso da pecuária, com base em certa quantidade de animais.[7]

Um dos pontos mais controversos do AsA são os subsídios à exportação. O AsA coloca compromisso de redução do subsídios em seis anos de 21% do volume de produtos e 36% em termos de valores. Além disso, os Membros se

4. Inclui-se: manitol (2905.43); sorbitol (2905.44); óleos essenciais (3301); substâncias derivadas de caseína e albumina, amidos e féculas modificadas e colas (35.01 a 35.05); agentes de acabamento (3809.10); sorbitol, exceto subposição 2905.44 (3823.60); peles (4101 a 4103); peleteria (peles com pelos) (4301); seda crua e desperdícios de seda (5001 a 5003); lãs e pelos de animais (5101 a 5103); algodão, desperdícios de fios, algodão cardado ou despenteado (5201 a 5203); linho bruto ou trabalhado (5301); e, por fim, cânhamo em bruto ou trabalhado (5302).
5. TREBILCOCK e HOWSE, op. cit., p. 262-263.
6. "A Medida Agregada de Apoio (AMS) é uma medida do apoio interno (subsídios domésticos) incidente sobre o setor agrícola e é utilizada como parâmetro nas notificações, análises e negociações comerciais do referido setor. O artigo I do Acordo sobre Agricultura da Rodada Uruguai estabelece que o AMS deve ser registrado como um valor anual de apoio interno, direcionado aos produtores agrícolas." Definição retirada do glossário do Instituto de Estudos do Comércio e Negociações Internacionais (ICONE), disponível em: <http://www.iconebrasil.com.br/biblioteca/glossario/letra/m>. A AMS está definida no Artigo 1.º, artigo 6.º (compromissos de apoio doméstico) e Anexo 3 (Apoio Doméstico – Cálculo da Medida Agregada de Apoio).
7. Conforme descrito no art. 6.5(a) do AsA. Essas exceções ao compromisso de redução devem seguir os critérios descritos no Anexo 2 (Apoio Doméstico – A base para a isenção dos compromissos de redução) para que não fiquem sujeitos a medidas compensatórias.

comprometem a não expandir os subsídios à exportação além dos níveis atingidos após os compromissos de redução no período dos seis anos.[8]

As medidas não tarifárias, nesse caso, dizem respeito às quotas de importação. Estas seriam convertidas em tarifas e passariam a ser proibidas. Outras medidas não tarifárias fronteiriças deveriam ser reduzidas de modo a permitir que produtores estrangeiros tivessem um mínimo de 3% de acesso a mercado em termos totais da produção doméstica de cada categoria de produto, aumentando para 5% no final do período de seis anos.

Por fim, com relação às medidas tarifárias e não tarifárias que não foram convertidas em tarifas, deveriam ser reduzidas a um nível de 36% total por Membro pelo período de seis anos, com a redução mínima de 15% de redução em cada categoria de produto.

Esses compromissos, porém, ainda são reduzidos para atingir uma progressiva liberalização no setor. As condições efetivas de acesso a mercados mudaram pouco nos principais mercados desenvolvidos devido à manutenção das quotas, aos picos tarifários e às elevadas tarifas. As disciplinas sobre apoio doméstico não exerceram fortes impactos sobre as políticas das principais potências comerciais, e os resultados mais claros foram observados na área de apoio às exportações.

A longo prazo, o objetivo do acordo é proporcionar reduções progressivas e substanciais nas formas de apoio e, assim, corrigir e prevenir distorções no comércio agrícola global.

Outros aspectos do comércio agrícola também são regulados na OMC, como a questão das medidas sanitárias e fitossanitárias (Acordo SPS). Essas medidas são aquelas que tratam de questões ligadas a padrões mínimos necessários para que um alimento entre no território de um país, sem que traga problemas para a saúde humana, animal e vegetal. Nesse contexto, todos os países têm o direito de proteger a vida dos seres que habitam em seu território, mas isso deve ser feito com padrões mínimos, de modo que não seja uma restrição ao comércio internacional. Sob essa perspectiva, o Acordo SPS regula os requisitos necessários para a implementação desses padrões.

É importante trazer esse acordo a discussão, pois, na medida em que houve queda nas barreiras tarifárias, os países buscaram outras formas de proteger seus mercados.[9] Esse novo protecionismo se configurou na forma de medidas SPS, no caso do comércio agrícola.

8. A única exceção neste caso é certos pequenos ajustes permitidos sob o art. 9.2 do AsA.
9. Essa questão foi objeto de discussão no World Trade Report. *Trade and public policies: a closer look at non-tariff measures in the 21st century*, 2012.

Por medidas SPS, entendem-se aquelas medidas endereçadas a proteger a saúde humana, animal e vegetal contra pestes, doenças, toxinas, organismos transmissores de doenças e outros, conforme definido no Anexo A do acordo.

Para a proteção dos seres dentro do território de um Membro, o acordo SPS determina alguns padrões necessários para a imposição de medidas. É necessário, por exemplo, que a medida seja aplicada apenas na extensão necessária para proteger a saúde e vida humana, animal e vegetal, com base em evidências científicas.[10] Assim como deve ela se basear em uma análise de risco.[11]

Esses padrões científicos e de análise de risco são fundamentais para que não se configure uma medida disfarçada para restringir o comércio internacional[12] ou mais restritiva que o necessário para atingir seu fim, ou seja, a segurança alimentar.[13]

Na ausência dos padrões científicos necessários que justifiquem a medida, o Membro pode criar uma medida provisória, desde que siga com a obtenção das evidências científicas e análise de riscos.[14]

O problema do acordo, porém, reside na discricionariedade que os países têm em determinar certos aspectos na imposição de medidas, como delimitar o nível apropriado de proteção necessário para evitar que determinado mal afete a vida e saúde humana, animal e vegetal dentro de seu território, ou ainda uma medida que não seja restritiva ao comércio. Esses termos acabaram sendo definidos no OSC, por conta da ausência de parâmetros no acordo que delimitasse esses conceitos.

Daí a importância do OSC na evolução regulatória dos acordos da OMC, já que este tem o papel de interpretar a letra do acordo e trazer critérios para os países seguirem e conseguirem implementar o acordo.

Na próxima seção, abordaremos como o OSC é uma ferramenta importante na evolução regulatória do acordo, com a discussão dos principais casos e conclusões obtidos pelo OSC.

3. O Órgão de Soluções de Controvérsias

Passados 18 anos da entrada em vigor do AsA, as evoluções regulatórias, ou mais propriamente interpretativas do acordo ocorreram sob o Órgão de Solução de Controvérsias (OSC).

10. Artigo 2.2 do Acordo sobre Medidas Sanitárias e Fitossanitárias.
11. Artigo 5.1 do Acordo sobre Medidas Sanitárias e Fitossanitárias.
12. Artigo 2.3 do Acordo sobre Medidas Sanitárias e Fitossanitárias.
13. Artigo 5.6 do Acordo sobre Medidas Sanitárias e Fitossanitárias.
14. Artigo 5.7 do Acordo sobre Medidas Sanitárias e Fitossanitárias.

Muitas das previsões legais dos acordos são vagas e principiológicas, o que, na prática, abre caminho para ampla interpretação e entendimentos diversos por parte dos vários Membros da OMC.

Por meio das disputas, o OSC tem delimitado o escopo interpretativo de muitos dispositivos em acordos da organização com grande sucesso e tem sido um grande ganho para a OMC a fim de garantir a eficácia das normas dos acordos implementados na Rodada Uruguai.

Esse órgão tem sido amplamente utilizado pelos Membros da organização. Desde a sua existência até março de 2014, foram trazidas 474 consultas ao OSC. Dessas disputas, até 2012, 182 foram levadas a Painéis no OSC.[15]

O Brasil, por exemplo, tem participação expressiva nesse órgão, estando entre os maiores litigantes, com 25 disputas como reclamante e 14 disputas como reclamado até o ano de 2012.[16]

No tema que concerne a este artigo, o tema agrícola, o OSC foi de grande importância para dar efetividade à letra do acordo. O Brasil, como grande atuante nesse cenário, levou para o OSC disputas de grande importância que ocasionaram ganhos sistêmicos para a OMC e seus Membros, demonstrando que o OSC pode equilibrar a balança de poder da sociedade internacional e implementar as regras junto aos Membros desenvolvidos da organização. Assim como permite que os países em desenvolvimento questionem as regras em pé de igualdade com todos os Membros.

Desde a entrada em vigor do AsA e do OSC, 67 disputas foram trazidas para a OMC sob o âmbito do acordo desde a sua implementação até o ano de 2012.[17] Outros acordos, que abordam a temática agrícola e produtos agrícolas também foram bastante questionados, entre eles o Acordo SPS, com 40 disputas, e o ASMC, que englobou 95 disputas no período de 1995 a 2012.[18]

O tema agrícola apresentou uma grande evolução no OSC, com variação significativa do escopo das disputas.[19] Nos primeiros anos da OMC e da

15. Dispute Settlement Statistics. Disponível em: <http://www.wto.org/english/tratop_e/dispu_e/stats_e.htm>.
16. LEITNER, Kara; LESTER, Simon. WTO Dispute Settlement 1995-2012: A statistical analysis. *Journal of International Economic Law*, 16 (1), p. 257-267, 2013.
17. LEITNER e LESTER, op. cit., p. 262.
18. O acordo mais questionado na história do OSC é o GATT, isso por conta desse acordo abordar, de forma geral, diversos temas que são detalhados em acordos específicos. Para mais informações, v.: LEITNER e LESTER, Op. cit.
19. Para mais informações a respeito do panorama dos temas mais questionados no OSC, bem como os países que se destacaram nessa atuação, v.: JOSLING, Tim. *Agriculture trade disputes in the WTO*. Bingly, UK: Emerald Press, 2009. Dispo-

entrada em vigor do acordo agrícola, as questões trazidas giraram em torno do acesso a mercado, quotas tarifárias e outras regulações de importação e remoção das barreiras não tarifárias e salvaguardas. A recorrência desses temas deveu-se aos compromissos estabelecidos pelo acordo de extinção das restrições quantitativas e substituição por tarifas que colocassem a mesma restrição.

Um caso que se tornou conhecido nesse sentido foi o *EC-Bananas* (DS-27), referente à alocação de quotas tarifárias para bananas para países da América Latina (Equador, Guatemala, Honduras, México) e EUA. O sistema de alocação dessas quotas violava o Artigo XIII do GATT, que estabelece que as restrições quantitativas não podem ser discriminatórias. A defesa da UE foi no sentido de afirmar que o AsA isentou as quotas tarifárias de seus compromissos vinculantes ao Artigo XIII, com base nos termos do artigo 4.1[20] do AsA. O Órgão de Apelação rejeitou esse argumento, afirmando que, no âmbito do AsA, os negociadores foram bastante explícitos às limitações de aplicação do GATT sob o tema agrícola, porém não o fez com relação ao Artigo XIII.[21]

Os temas das disputas no momento da implementação e adaptação às novas regras de comércio relatam a realidade no momento da imposição do acordo sobre agricultura, em que se passava por um período de transição para a implementação de tarifas e regras que permitiram acesso a mercados a alguns países e surtos de importação a outros. Foi nesse momento que o OSC teve o maior número de casos abertos em grande parte dos acordos da organização, inclusive o AsA, que foi questionado em 33 disputas de 1995 a 1999.[22]

Com a devida adaptação para o regime e evolução da aplicação das regras, a partir de 2002, a natureza das disputas mudou, passando a questionar os subsídios à exportação, principalmente por conta do fim da cláusula da paz.[23] O fim

nível em: <http://iis-db.stanford.edu/pubs/23522/Agricultural_Trade_Disputes_in_the_WTO.pdf>.

20. Em sua versão em inglês, lê-se: "Art. 4.1. Market access concessions contained in Schedules relate to bindings and reductions of tariffs, and to other market access commitments as specified therein".
21. TREBILCOCK e HOWSE, op. cit., p. 265.
22. LEITNER e LESTER, op. cit.
23. Cláusula da paz "é uma restrição de direitos com duração prevista de nove anos, estabelecida pelo Acordo sobre Agricultura da Rodada Uruguai, que entrou em vigor em 1.º de janeiro de 1995. Esta cláusula regula a aplicação de outros acordos em relação aos produtos agrícolas e prevê que as medidas de apoio interno não poderão ser acionadas segundo as regras do Acordo sobre Subsídios e Medidas Compensatórias. Tais medidas também estarão isentas de ações baseadas na anulação e limitação de benefícios de concessões tarifárias conforme o Mecanismo de Solução de Controvérsias. A atual medida ficará em vigor até o final de 2003,

dessa cláusula fez que o ASMC passasse a ser um dos acordos mais questionados no período, com 30 disputas nos anos de 2000 a 2004.[24]

Nesse cenário de questionamentos de subsídios à exportação, o papel do Brasil foi fundamental, com a participação nas disputas *EC-Export Subsidies on Sugar* (DS 266), e também o conhecido caso do algodão (DS- 267) contra os EUA.

Em relação à questão dos subsídios, especialmente com esses casos, mostrou-se a capacidade do OSC em fazer valer as regras do AsA e do ASMC. As decisões do OSC foram capazes de fazer os países desenvolvidos se comprometerem com as regras da organização.

As disputas agrícolas questionando subsídios na OMC foram capazes de detectar a ineficácia das regras de controle das políticas agrícolas distorcivas e de apoio doméstico da OMC. Nesse sentido, não há um mecanismo que assegure que os Membros reportarão de forma fidedigna os programas de apoio doméstico e à exportação aos demais Membros. Com isso, verificou-se a dificuldade de demonstrar nexo causal entre o dano e a concessão de subsídios.

Verificaram-se, ainda, dificuldades quanto à análise do subsídio e do dano auferido, por conta da ausência de critérios legais preestabelecidos. Portanto, o OSC teve papel fundamental em determinar esses critérios e implementar o ASMC e o AsA.

Além disso, o OSC apresentou problemas ligados à implementação da decisão do Painel ou Órgão de Apelação: o primeiro de natureza procedimental, pela complexidade do procedimento arbitral, outro de natureza política, devido às consequências internas da implementação de uma possível retaliação, que pode afetar consumidores e outros setores da indústria doméstica pelo país que venceu a disputa, bem como a dificuldade de retirar a concessão de políticas de apoio doméstico por conta do *lobby* do setor agrícola no país que deve trazer suas normas em conformidade com as regras da OMC.[25]

Por fim, outra onda de contenciosos no assunto agrícola vem surgindo com o aumento da implementação de barreiras sanitárias e a elevação dos padrões de segurança alimentar pelos países.

o que vem causando pressão sobre os negociadores para o estabelecimento de um novo acordo", segundo glossário do Instituto de Estudos do Comércio e Negociações Internacionais (ICONE), disponível em: <http://www.iconebrasil.com.br/biblioteca/glossario/letra/c>.

24. Os acordos mais questionados no período foram, nesta ordem: GATT (pelo motivo já colocado na nota 18 deste artigo) com 115 questionamentos, o Acordo Antidumping, com 38 disputas, seguindo-se o ASMC (LEITNER e LESTER, op. cit.).

25. Nesse sentido, para mais informações, consultar: DANTAS, Adriana. *Subsídios agrícolas:* regulação internacional, São Paulo, Saraiva, 2009.

O fato de o Acordo SPS ter termos muito amplos possibilitou que os países impusessem medidas SPS de modo restritivo ao comércio. A amplitude dos termos utilizados no acordo, bem como a liberdade que os países têm em determinar o nível apropriado de proteção necessário para salvaguardar a saúde humana, animal e vegetal de seu território, fez que fosse fundamental que o OSC passasse a interpretar e colocar limites interpretativos à letra do acordo.

Nesse sentido, disputas como *EC-Hormones*, *EC-Abestos* e *Japan-Apples* trouxeram ganhos significativos à interpretação do Acordo SPS e limites regulatórios à segurança alimentar implementada pelos países.[26]

4. ACORDOS REGIONAIS DE COMÉRCIO

Desde a Rodada Uruguai e com a paralisação da Rodada Doha, os acordos da OMC não alcançaram qualquer avanço regulatório. Como discutido anteriormente, o OSC evoluiu na interpretação do AsA, mas não foi feita qualquer alteração no texto legal. Por conta da paralisação da Rodada Doha, os avanços que os países buscam para fazerem valer seus interesses têm sido feitos por meio dos acordos regionais de comércio.

Assim como foi na Rodada Uruguai, o tema agrícola também não é prioridade na agenda de muitos países, ou é um tema defensivo na agenda política. Por isso, tem sido usado predominantemente como tema para trocas políticas. Ainda que tenha sido assim, os acordos apresentam evoluções regulatórias significativas.

Além de ser tema de vasta preocupação comercial, adentram na agenda de negociação nos acordos os temas de segurança alimentar e coordenação alimentar, bem como estrutura de mercado.

Os temas que predominam na agenda dos acordos são: (i) cortes tarifários e quotas, (ii) salvaguardas, (iii) subsídios, (iv) previsões de bens públicos e (v) estrutura de mercado e instituições.[27]

Nesses temas, há uma grande diferença entre os grandes acordos, sendo eles o NAFTA e as negociações da própria UE e as regras do bloco, e os acordos bilaterais assinados entre eles e outro país.

26. Detalhes das disputas, suas conclusões e suas consequências para o sistema da OMC serão abordadas nos artigos que seguem.
27. Esses temas são elencados e discutidos de forma detalhada em: JOSLING, Tim. Agriculture, in: CHAFFOUR, Jean-Pierre; MAUR, Jena-Christophe (ed.). *Preferential trade agreement policies for development:* a handbook, The World Bank, 2011, p. 143-159.

Por isso, vamos tratar de cada um desses temas e como EUA e a UE o regulam em seus grandes acordos, NAFTA e Acordo Constitutivo da UE.

Com relação ao tema tarifário, o Acordo NAFTA impõe que a integração do mercado ocorra em 10 anos, exceto para produtos considerados sensíveis, como feijão e milho para o México e tomates e cítricos para os EUA. Para esses produtos, o período de integração foi de 15 anos.

A esse respeito, o Mercosul adotou estratégia bem-sucedida em cortar tarifas no setor. Entre os países do bloco, o comércio agrícola é relativamente livre, sendo que as razões para esse tratamento liberal são:[28] o Mercosul inclui grandes produtores de produtos agrícolas de clima temperado e, por conta de uma reforma estrutural de mercado, em que os países eliminaram grandes monopólios estatais, cumulada com a redução dos subsídios e preços de apoio, tais políticas têm permitido uma política agrícola cooperativa no Mercosul.

Outro tema incorporado aos grandes acordos regionais são as salvaguardas, que foram utilizadas diversas vezes como mecanismo de defesa no período de transição de implementação de políticas do acordo NAFTA. Na UE, por conta do desenho estrutural do bloco, uma união aduaneira, não é possível o uso das salvaguardas internamente.

A disciplina de subsídios domésticos e à exportação é a mais problemática. Primeiramente, a regulação dos subsídios domésticos é impraticável, por isso se deixou à esfera multilateral estabelecer os parâmetros regulatórios na maior parte dos acordos. O acordo NAFTA, porém, coloca que os países devem efetuar os melhores esforços para adotar medidas que tenham o mínimo efeito distorcivo sobre as exportações. Já na UE, os subsídios são questionáveis com base na política concorrencial do bloco, incluindo subsídios à agricultura.

Com relação aos subsídios à exportação, muitos acordos contemplaram banir subsídios à exportação no comércio regional, porém adotaram mecanismos mais cooperativos que efetivos. É o caso do NAFTA, que adota a política multilateral de eliminação dos subsídios à exportação e coloca como inapropriada a concessão desses subsídios.

Como dito anteriormente, fazem parte da regulação dos acordos as questões relativas a segurança alimentar, uso da terra, desenvolvimento rural e políticas contra a pobreza. Essas políticas são levadas em consideração no momento da negociação do acordo e aqui se enquadram na categoria de bens públicos à agricultura. Isso faz parte da política negocial do acordo e tem sido um grande desafio nos acordos enquadrar essas políticas. Muitos países, como

28. JOSLING, Agriculture cit.

o próprio Brasil, tem a agricultura como política econômica e social, por isso tem sido objeto de contenda entre os países nas negociações.

Por fim, o acordo em geral precisa de um aparato institucional para dirimir as controvérsias que podem advir do acordo, e por isso é necessária a implementação da solução de controvérsias, bem como o desenvolvimento de arranjos internos administrativos para o funcionamento e implementação dos dispositivos negociados. Os acordos trazem esses mecanismos por meio dos grupos de trabalho dos acordos, mecanismos de negociação e conciliação e, também, trocas de informação e colaboração entre as autoridades nacionais.

Esses temas são alguns dos pontos negociados entre os países que sempre estiveram presentes nos acordos.

O que notamos é que recentemente, após os anos 1990, os acordos têm avançado cada vez mais e apresentam novas características: por exemplo, os acordos se diversificaram entre os parceiros, que passaram a multiplicar-se pelas regiões do globo. Principalmente países como os EUA e blocos regionais como a UE têm interesses bem definidos e apresentam um modelo de acordo com padrões regulatórios que vão muito além da OMC, com previsões OMC-*plus* e bastantes vinculantes. Para fins deste artigo, faremos um breve resumo dos modelos de EUA e UE, para o tema agrícola.

Regulação agrícola nos acordos bilaterais dos EUA

Nesta subseção analisaremos as previsões bilaterais dos acordos dos EUA, como modelo regulatório em geral.

Todos os acordos com o país possuem previsões de redução tarifária, porém os países controlam aqueles produtos considerados sensíveis. Dentre a lista de produtos, para os EUA saem, à exceção da redução tarifária: açúcar, cítricos, amendoim e laticínios; já para os parceiros, a lista inclui feijão, milho e arroz.

Há três acordos principais que trazem impactos para o comércio agrícola dos EUA e que serão considerados nessa análise. São eles: Chile, Austrália e CAFTA-DR.[29]

Esses acordos preveem, principalmente: (i) cortes tarifários e eliminação progressiva de tarifas com o decorrer do tempo; (ii) quotas tarifárias, principalmente no acordo com Austrália e CAFTA; (iii) salvaguardas agrícolas; (iv) previsão de medidas de defesa comercial nos termos do GATT; (v) previsões para a diminuição do uso de subsídios à exportação; (vi) trabalho conjunto

29. JOSLING, Agriculture cit.

para redução do apoio doméstico e mudança para instrumentos menos distorsivos ao comércio; (vii) previsões de uso de medidas SPS nos termos do acordo sobre o tema da OMC; (viii) solução de controvérsias; e (ix) comitê do acordo.

Regulação agrícola nos acordos bilaterais da UE

Para a UE, os acordos são uma estratégia de cooperação para o desenvolvimento, mas ainda assim o bloco tem feito concessões unilaterais a outros países.

No acordo UE-África do Sul, o bloco foi relutante em conceder acesso a bens que concorressem diretamente com seus produtos. O acordo, UE-México, por sua vez, foi difícil de negociar, já que por parte do México foi difícil ter acesso a mercado para uma gama de produtos agrícolas.

Para a UE, a agricultura ainda é um tema sensível para atingir os níveis de livre comércio. Nas negociações do acordo UE-Mercosul, as partes estão encontrando dificuldades de acesso aos respectivos mercados.[30] A UE possui uma grande agricultura mecanizada com grande apoio estatal, enquanto os agricultores do Mercosul possuem esse mesmo potencial e preços mais competitivos por conta da estrutura de mercado dos países que compõem o bloco.

Com esse dilema, a UE tem adotado como política nessa área previsões em cooperação e desenvolvimento.

Para países que como Brasil não adotaram uma estratégia de assinatura de acordos, os acordos regionais de comércio que vêm sendo assinados trazem consequências. Estabeleceu-se um novo padrão regulatório internacional que traz reflexos além das fronteiras dos acordos. A negociação desses padrões em novos acordos como o TPP e acordo UE-Mercosul trazem um panorama do que deve ser incorporado no tema e o que países como o Brasil podem esperar de exigências na exportação de bens. Daí a importância de uma análise comparada e cautelosa para que o Brasil, como um país exportador de *commodities*, possa atentar e, quando possível, questionar regras que ditam o novo contexto de acesso a mercados externos de produtos agrícolas.

5. Perspectivas

Do exposto, foi possível perceber que a regulação agrícola ainda é incipiente e de difícil barganha internacionalmente, principalmente com países desenvolvidos. Isso, porém, não deve ser um impeditivo para a evolução do sistema.

30. JOSLING, Agriculture cit.

O agronegócio exportador brasileiro tem espaço para evoluções regulatórias significativas.

No âmbito da OMC, ainda há muito que se discutir sobre o assunto, principalmente agora que já temos os resultados da Conferência Ministerial de Bali, que ocorreu em dezembro de 2013. Há assuntos em pauta que podem ser incorporados à agenda e ao acordo.

Três propostas estiveram em discussão na OMC sobre temas agrícolas que poderão compor o pacote de negociação da Conferência de Bali:[31] (i) proposta do G-20 agrícola sobre administração de quotas tarifárias; (ii) proposta do G-33 sobre composição de estoques públicos para segurança alimentar e; (iii) proposta do G-20 sobre concorrência nas exportações.

A primeira proposta visa implementar disciplinas para a administração das quotas tarifárias pelos países e foi incluída no último texto sobre agricultura da Rodada Doha visando à eliminação dessas quotas como barreiras desnecessária ao comércio agrícola. Na Conferência Ministerial de Bali, a decisão ministerial é no sentido de que a administração de quotas tarifárias estariam no escopo da licença de importação e, portanto, o Acordo sobre Procedimentos para o Licenciamento de Importações negociado na Rodada Uruguai se aplicaria integralmente no procedimento, conjuntamente com o AsA e outras obrigações específicas sobre o assunto.[32]

A segunda proposta tem como objetivo central classificar como "caixa verde" compras governamentais destinadas a apoiar agricultores de baixa renda para promoção da segurança alimentar. Isto significa que tais políticas de apoio seriam autorizadas pela OMC, do mesmo modo que programas de desenvolvimento e assentamento rural. A esse respeito, decidiu-se na Conferência que os membros se comprometem a negociar acordo definitivo sobre o tema.[33]

Por fim, a última proposta reafirma o entendimento de que todas as formas de subsídios à exportação de produtos agrícolas devem ser eliminadas e

31. CONFEDERAÇÃO NACIONAL DA INDÚSTRIA (CNI). Integração regional. *Informativo da Confederação Nacional da Indústria,* ano 5, n. 1, p. 6-8, abr.-jun. 2013.

32. Cf. OMC. Ministerial Decision of 7 December 2013. *Tariff quota administration.* WT/MIN(13)/39, WT/L/914, de 11 de dezembro de 2013. Disponível em: <http://wto.org/english/thewto_e/minist_e/mc9_e/desci39_e.htm>.

33. A esse respeito, cf. OMC. Ministerial Decision of 7 December 2013. *Public stockholding for food security purposes* WT/MIN(13)/38, WT/L/913, de 11 de dezembro de 2013. Disponível em: <http://wto.org/english/thewto_e/minist_e/mc9_e/desci38_e.htm>.

que a negociação de disciplinas em todas as medidas de exportação de efeitos equivalentes (créditos à exportação, garantias de créditos e seguros à exportação, empresas estatais exportadoras de produtos agrícolas e ajuda alimentar internacional) deve continuar como prioridade. Enquanto não se chega aos objetivos descritos acima, o G-20 propõe compromissos em dois pilares centrais para os países desenvolvidos: subsídios às exportações e financiamentos e seguro de crédito às exportações. Com relação aos subsídios à exportação, os países desenvolvidos se comprometeriam com a redução da metade destes relativos aos compromissos consolidados em termos orçamentários. Já quanto aos financiamentos e seguro de crédito às exportações, haveria o compromisso de que o prazo para pagamento a estes financiamentos não ultrapassaria 18 meses para operações apoiadas pelos governos a partir de 2013. Dada a complexidade e controvérsia gerada no tema, a Decisão da Conferência Ministerial é no sentido de seguir-se com os esforços de eliminação dos subsídios e formas de apoio à exportação de bens agrícolas.[34]

Por meio do G20, países em desenvolvimento com interesses ofensivos nas negociações comerciais podem aumentar seu poder de barganha e fazer valer seus interesses.

Com relação aos mecanismos internos da OMC, o OSC é uma ferramenta muito eficaz para fazer valer os interesses comerciais dos grupos agrícolas brasileiros em mercados globais. Grandes conquistas foram alcançadas e podem ainda ser atingidas por meio desse sistema. A mais recente vitória do setor agrícola brasileiro foi certamente o caso do algodão contra os EUA, que fez valer a letra do acordo e os interesses dos produtores. Muitos setores podem ainda se valer do instrumento. É o caso, por exemplo, do setor açucareiro, conforme esmiuçado no artigo 8 deste livro.

Por fim, o Brasil encontra-se ausente, de certa forma, das negociações de acordos de comércio. Essa, porém, tem sido a maneira que diversos países encontraram para fazer valer seus interesses e implantar a regulação no tema agrícola. O acordo UE- Mercosul pode ser uma chance de o setor agrícola brasileiro aumentar suas vendas em um grande mercado e fazer valer a regulamentação de seu interesse. Conforme dito, porém, isso não será fácil, por conta dos interesses defensivos da UE no setor agrícola. O setor agroexportador brasileiro, porém, tem um forte poder de barganha e vantagem comparativa na produção desses bens. O sistema de trocas é um bom mecanismo para buscar atingir os objetivos regulatórios desejados.

34. Consultar OMC. Ministerial Decision of 7 December 2013. *Export competition*. WT/MIN(13)/40, WT/L/915. de 11 de Dezembro de 2013. Disponível em: http://wto.org/english/thewto_e/minist_e/mc9_e/desci40_e.htm.

Ante o exposto, este artigo introdutório ofereceu um panorama regulatório do tema agrícola. Os artigos seguintes trarão os desafios concretos enfrentados pelo setor agrícola no comércio global das *commodities*.

BIBLIOGRAFIA

BALDWIN, R.; LOW, P. Multilateralizing regionalism: challenges for the global trading system, WTO, 2009.

CONFEDERAÇÃO NACIONAL DA INDÚSTRIA (CNI). Integração regional. *Informativo da Confederação Nacional da Indústria*, ano 5, n. 1, abr.-jun. 2013.

DANTAS, Adriana. *Subsídios agrícolas*: regulação internacional. São Paulo: Saraiva, 2009.

_____. The intersect between agriculture and climate change policies. *Journal of World Trade*, v. 45, 2011.

FINK, Carsten. Intellectual property rights. In: CHAFFOUR, Jean-Pierre; MAUR, Jena-Christophe (ed.). *Preferential trade agreement policies for development*: a handbook. The World Bank, 2011, p. 387-405.

FULPONI, L.; SHEARER, M.; ALMEIDA, J. Regional trade agreements – treatment of agriculture, *OECD Food, Agriculture and Fisheries Working Papers*, n. 44, 2011, OECD Publishing. Disponível em: <doi: 10.1787/5kgg53fmnjxv-en>.

JOSLING, Tim. Agriculture. In: CHAFFOUR, Jean-Pierre; MAUR, Jena-Christophe (ed.). *Preferential trade agreement policies for development*: a handbook. The World Bank, 2011, p. 143-159.

_____. *Agriculture trade disputes in the WTO*. Bingly, UK: Emerald Press, 2009. Disponível em: <http://iis-db.stanford.edu/pubs/23522/Agricultural_Trade_Disputes_in_the_WTO.pdf>.

JOSLING, Tim; TANGERMANN, S. Production and export subsidies in agriculture: lessons from GATT and WTO disputes involving the US and the EC. In: PETERSMANN, Ernst-Ulrich; POLLACK, Mark A. *Transatlantic economic disputes*: The EU, the US and the WTO. New York: Oxford University Press, 2003.

KORINEK, J.; Melatos, M. Trade Impacts of selected regional trade agreements in agriculture. *OECD Trade Policy Working Papers*, OECD Publishing, n. 87, 2009.

LEITNER, Kara; LESTER, Simon. WTO Dispute Settlement 1995-2012: a statistical analysis. *Journal of International Economic Law*, 16 (1), p. 257-267, 2013.

MINISTÉRIO DAS RELAÇÕES EXTERIORES (MRE). *Balanço de Política Externa 2003 a 2010: negociações comerciais – G20*. Disponível em: <http://www.itamaraty.gov.br/temas/balanco-de-politica-externa-2003-2010>.

TREBILCOCK. Michael J.; HOWSE, Robert. *The regulation of international trade*. 2. ed. London: Routledge, 1999.

2

Novas barreiras ao comércio e desafios para a OMC

Rodrigo C. A. Lima

I – Introdução

A relação entre as regras da Organização Mundial do Comércio (OMC) e questões ambientais previstas no âmbito dos Acordos Multilaterais Ambientais (*Multilateral Environmental Agreements* – MEAs) ou no contexto de medidas adotadas por países ou pelo setor privado, ONGs e outros atores torna-se cada vez mais complexa.

A proliferação de iniciativas de certificação que visam atestar a produção sustentável de alimentos e biocombustíveis, bem como de políticas adotadas por países que criam exigências sobre emissões de gases de efeito estufa, biodiversidade, uso da terra, água, segurança alimentar, entre outras, trazem cada vez mais exigências para os produtores e, consequentemente, afetam o comércio internacional.

Essas medidas não são necessariamente restritivas. No entanto, normalmente não são aplicadas a todos os países de forma harmonizada. O Brasil, por exemplo, se tornou alvo de medidas que questionam a cadeia da soja, da carne e do etanol, principalmente a partir de 2005, enquanto países como China e Estados Unidos não sofrem os mesmos questionamentos.

Como muitas dessas medidas são aplicadas pelos importadores, consumidores, ONGs e não necessariamente pelos países, abre-se um enorme debate sobre a capacidade de a OMC regular essas medidas, visto que cuida de medidas aplicadas pelos países. Além disso, sobre a multiplicidade de foros que discutem exigências ambientais, sejam Acordos Ambientais Internacionais (*Multilateral Environmental Agreements* – MEAs), ou mesmo iniciativas de certificação como a *Rainforest Alliance* e a *Roundtable on Sustainable Biofuels*, a criação de padrões privados ou certificações é outro ponto delicado, na medida em que por vezes os princípios e critérios são criados unilateralmente e exigidos dos produtores, sem que estes possam participar das negociações que criam as exigências.

O artigo busca ilustrar medidas que tornam importante o debate entre regras comerciais e ambientais, com base em dois exemplos: i) o debate sobre a sustentabilidade dos biocombustíveis no contexto de certificações e políticas nacionais, bem como nas negociações da Convenção sobre Diversidade Biológica (CDB); e ii) as negociações do Protocolo de Cartagena e suas interações com as regras comerciais.

É válido destacar que o texto não fará uma análise das regras e princípios da OMC diante da aplicação dessas medidas. Da mesma forma, não entrará em detalhes sobre os casos de certificações, o que seria objeto de outro estudo. A ideia é mostrar como novas questões afetam o comércio e ensejar um debate sobre o papel da OMC nesse universo das relações entre comércio e meio ambiente.

II – Novas barreiras e a falta de regulamentação na OMC

As relações e conflitos entre acordos da OMC e MEAs, como a CDB e a Convenção Quadro das Nações Unidas sobre Mudanças do Clima não são novidade no universo das relações internacionais, ora com o viés do comércio, pautado usualmente pela criação de barreiras, ora pelo lado ambiental, tendo o princípio de precaução como gatilho para medidas que, em tese, visam proteger o meio ambiente.

Essa relação nem sempre harmoniosa entre comércio e meio ambiente passou a ficar mais evidente nas décadas de 1970 e 1980, com a intensificação dos fluxos de comércio e o início da preocupação ambiental, que teve como marco a Conferência de Estocolmo em 1972. Já em 1971 foi criado o *Group on Environmental Measures and International Trade* no âmbito do GATT, que, apesar de não ter avançado, marcou uma tentativa de se explorar o tema mais a fundo.

A aprovação do *Standards Code* na Rodada Tóquio (1979) e, posteriormente, a criação do Comitê sobre Comércio e Meio Ambiente, do Acordo sobre Barreiras Técnicas ao Comércio (Acordo TBT) e do Acordo sobre a Aplicação de Medidas Sanitárias e Fitossanitárias (Acordo SPS) já no âmbito da OMC, significaram um início de regulamentação de temas de caráter ambiental.

Os famosos Painéis com base no Artigo XX(b) do GATT (*Estados Unidos – gasolina, Brasil – pneus, Estados Unidos – camarões, Comunidade Europeia*

– *asbestos*) ajudaram a criar uma jurisprudência notadamente marcada pela dificuldade de regular medidas restritivas ao comércio diante de argumentos ambientais.

Os casos *Comunidade Europeia – Hormônios*, *Austrália – Salmões* e *Japão – Maçãs* trouxeram o debate sobre o princípio ou enfoque de precaução, reforçando a tensão entre medidas que visam proteger valores ambientais, mas que não necessariamente possuem justificativas científicas suficientes, gerando embates importantes dentro da OMC.

Na Declaração Ministerial de Doha, que lançou a nova rodada de negociações em 2001, os parágrafos 31 a 33 trataram especificamente da relação comércio e meio ambiente, prevendo que as negociações deveriam, por exemplo, aprofundar o entendimento sobre como as regras da OMC se relacionam com MEAs, buscar reduzir ou eliminar barreiras tarifárias e não tarifárias sobre bens e serviços ambientais e aprofundar o entendimento sobre rotulagem de produtos com fins ambientais.

As idas e vindas das negociações da Rodada Doha não permitiram aprofundar esse debate, a despeito de pequenos avanços em temas como liberalização do comércio de bens ambientais.[1]

Em paralelo, a aplicação de exigências ligadas a questões ambientais, como emissão de gases de efeito estufa (GEEs), biodiversidade, biotecnologia, segurança dos alimentos e outros temas ligados ao conceito de produção e consumo sustentável, ganha cada vez mais espaço seja por meio de políticas dos Membros da OMC seja via a cobrança de padrões privados ou certificações, usualmente aplicadas pelo setor privado ou mesmo por organizações não governamentais – ONGs.

Além disso, padrões internacionais ligados a emissões de GEEs e até mesmo ligados a questões de segurança dos alimentos (*food safety*), estabelecidos pela Organização Internacional para Padronização (ISO), criam

1. A negociação de bens ambientais no contexto do Grupo Negociador sobre Acesso a Mercado de Bens Não-Agrícolas (NAMA) mostrou o quanto existem divergências entre os países sobre questões ambientais. Sem um conceito minimamente aceitável do que são bens ambientais, a ideia de reduzir tarifas para um conjunto de produtos motivou a apresentação de listas bastante criativas de produtos, como combustíveis minerais, produtos químicos, plásticos, papel e celulose, ferro e aço, máquinas, produtos elétricos e veículos, sem que necessariamente o produto pudesse trazer benefícios concretos ao meio ambiente. O etanol de cana brasileiro, que possui benefícios concretos no tocante à redução de emissões de gases de efeito estufa, ficou sempre de fora das negociações por ser considerado um bem agrícola.

exigências que podem afetar o comércio. Vale destacar que os padrões ISO são reconhecidos no âmbito do Acordo TBT, o que cria um caso intrigante na medida em que, em princípio, esses padrões não poderiam ser questionados na OMC.

Uma das principais conclusões do *World Trade Report 2012*, que tratou com profundidade da emergência de barreiras não tarifárias ao comércio, destaca a dificuldade da OMC regular as medidas que podem afetar o comércio de bens e de serviços, e ilustra o papel dos Acordos TBT e SPS quando se trata de questões ambientais.

> "The changing nature of international trade, however, creates new policy considerations that may motivate the need for deeper forms of institutional integration. Also, growing concerns about TBT/SPS measures have brought the issue of regulatory convergence to the WTO, raising a number of difficult challenges. The Report has set out to examine GATT/WTO disciplines as interpreted in dispute settlement, showing that GATT rules on NTMs are generally consistent with a shallow integration approach but that the TBT and SPS agreements promote deeper integration.
>
> In the light of both the economic and the legal analysis, the Report has identified several challenges for international cooperation, and the WTO more specifically. First, the transparency of non-tariff measures and services measures must be improved and the WTO has a central role to play with its multiple transparency mechanisms. Secondly, current WTO disciplines may not always strike the right balance between policy commitments and flexibility. For instance, economists argue in favour of a more prominent role for non-violation complaints. Lawyers, in turn, observe that WTO members generally do not take this path, preferring to challenge the NTM on the basis of the specific rule it allegedly violates. Thirdly, more effective criteria are needed to identify why a measure is used. Better integration of economic and legal analysis may help achieve this goal".[2]

O desafio de assegurar que as medidas sejam aplicadas de maneira transparente e justa, assumindo que são restritivas somente o necessário para atingir um fim ambiental determinado, coloca as regras da OMC em cheque e salienta a complexidade da relação comércio e meio ambiente.

A sessão a seguir tratará de dois casos que ilustram essa tensão: a proliferação de certificações ligadas aos biocombustíveis e o tratamento desse tema na Convenção sobre Diversidade Biológica (CDB); e o debate sobre o reconhecimento das decisões do Protocolo de Cartagena como padrões internacionais diante da OMC.

2. *World Trade Report 2012*, p. 221 e 222.

III – Biocombustíveis e sustentabilidade

O debate sobre a produção sustentável de produtos agropecuários e de energias renováveis ilustra com clareza a relação entre comércio e meio ambiente. Para tanto, é válido destacar o caso dos biocombustíveis, tomando como base o etanol brasileiro e a intensa discussão sobre certificações e padrões privados que visam atestar a produção com base em critérios de sustentabilidade, bem como a criação de exigências ambientais em políticas como as da União Europeia.

O crescimento da demanda por energias renováveis em função não somente da necessidade de muitos países reduzirem a dependência de combustíveis fósseis, mas principalmente pela necessidade de reduzir emissões de GEEs, motivou a adoção de legislações com mandatos para o uso de biocombustíveis em vários países.

Nos Estados Unidos, a *Renewable Fuels Standard* (RFS2) gerou uma demanda por energias renováveis no setor de transportes que exigirá 36 bilhões de galões até 2022. Na União Europeia, a Diretiva 2008/28/CE estabeleceu uma meta de 20% para o consumo de energias renováveis, sendo no mínimo 10% do consumo total de energia em 2020 no setor de transportes.[3]

A corrida pela produção e uso de biocombustíveis impulsionou a retomada do etanol brasileiro não somente com foco no mercado interno, mas visando um mercado importador que demandará diferentes fontes de biocombustíveis. No entanto, questionamentos sobre desmatamento, emissões indiretas de GEEs em função de mudanças no uso da terra, perda de biodiversidade, erosão do solo, preocupações com segurança alimentar, posse da terra e as condições sociais se tornaram recorrentes e passaram a questionar os benefícios dos biocombustíveis.

Essas preocupações passaram a fazer parte da agenda da Convenção sobre Diversidade Biológica, num primeiro momento com base na influência que a expansão por diferentes fontes de biocombustíveis poderia ter sobre biodiversidade. As decisões adotadas desde 2008 nas Conferências das Partes ilustram como a relação biocombustíveis/biodiversidade vem sendo tratada. É um caso interessante do debate comércio e meio ambiente que será visto a seguir.

3. Em outubro de 2012 a Comissão Europeia propôs reduzir de 10% para 5% o papel dos biocombustíveis feitos com cereais e outras culturas ricas em amido, açúcar e oleaginosas no setor de transportes. A decisão ainda não foi aprovada. Para mais informações, v. a proposta de Diretiva, disponível em: <http://ec.europa.eu/energy/renewables/biofuels/doc/biofuels/com_2012_0595_en.pdf>.

III.1. A política europeia de sustentabilidade para biocombustíveis

O surgimento de diversos modelos de certificações ou de padrões privados que buscam atestar a produção sustentável de biocombustíveis se intensificou na medida em países adotaram mandatos de uso, como os Estados Unidos e a União Europeia, e recursos consideráveis foram destinados para pesquisas com diversas fontes de biocombustíveis.

A busca para assegurar critérios sustentáveis motivou uma corrida pelo estabelecimento de padrões em diversos países: a *Renewable Transport Fuel Obligation* no Reino Unido, a *Cramer Comission* na Holanda, o trabalho a *Meo Consulting* para o governo alemão, os investimentos da empresa *Sekab* na sustentabilidade de biocombustíveis na Suécia, o padrão *Low Carbon Fuel Standard* na Califórnia e a *Renewable Fuel Standard* nos Estados Unidos, as iniciativas do Instituto Nacional de Metrologia, Qualidade e Tecnologia – INMETRO no Brasil.

No plano regional e multilateral, é válido citar a *Global Bioenergy Partnership* (GBEP), e as iniciativas privadas como a *Roundtable on Sustainable Biofuels* (RSB), a *Better Sugarnace Initiative*, batizada de BONSUCRO, a *Roundtable on Sustainable Palm Oil* (RSPO), a *Rountable on Responsible Soybean* (RTRS), a *International Sustainability and Carbon Certification* (ISCC).

Como políticas que passaram a exigir critérios de sustentabilidade para biocombustíveis, é essencial citar que a Diretiva 2009/28/CE que estabeleceu metas do uso de energias renováveis já previu requisitos de sustentabilidade, como, por exemplo:

- redução de emissões de GEEs de pelo menos 35% comparada ao uso de combustíveis fósseis;
- a partir de 1.º.01.2017 essa redução de emissões deverá ser de pelo menos 50%;
- a partir de 1.º.01.2018 a redução deverá ser de pelo menos 60% (para instalações cuja produção tenha tido início em 1.º.01.2017 ou após essa data);
- os biocombustíveis e biolíquidos não podem ser produzidos a partir de matérias-primas provenientes de terrenos ricos em biodiversidade que em janeiro de 2008 ou após essa data tivessem as seguintes características: áreas de floresta primária ou terrenos arborizados, área indígenas, áreas protegidas por lei, áreas de proteção de espécies ameaçadas de extinção; áreas de pastagem ricas em biodiversidade (pastagens naturais e plantadas);

- áreas com elevado estoque de carbono não podem ser utilizadas para a produção de biocombustíveis e biolíquidos (zonas úmidas e áreas de florestas).[4]

Em paralelo, a Diretiva 2009/30/CE estabeleceu padrões e regras para a qualidade dos biocombustíveis e critérios de sustentabilidade ligados ao cálculo das emissões de GEEs ao longo do ciclo de vida dos biocombustíveis, incluindo os efeitos indiretos do uso da terra (*indirect land use changes* - ILUC).[5]

Pela regulamentação, a Comissão deve apresentar ao Parlamento Europeu e ao Conselho, a cada dois anos, um relatório sobre as medidas tomadas para garantir o cumprimento dos critérios de sustentabilidade (países do bloco e de fora) e para a proteção do solo, da água e do ar.

Além disso, o relatório deverá conter uma análise sobre o impacto do aumento da demanda por biocombustíveis na sustentabilidade social dentro do bloco e em países terceiros, bem como impactos ligados à segurança alimentar. O relatório deve apontar, ainda, se os países produtores ratificaram e aplicam Convenções da Organização Internacional do Trabalho, o Protocolo de Cartagena sobre Biossegurança, a Convenção sobre o Comércio Internacional de Espécies da Fauna e da Flora Selvagens Ameaçadas de Extinção.

O cumprimento dos requisitos de sustentabilidade cabe aos operadores econômicos, que poderão fazê-lo por meio de regimes voluntários ou acordos bilaterais ou multilaterais. Isso implica a realização de auditorias e/ou o cumprimento de esquemas de certificação que visem atestar o cumprimento de critérios de sustentabilidade.

A preocupação com os efeitos indiretos decorre do fato de que o aumento pela demanda de biocombustíveis levaria à produção em áreas de pastagens e utilizadas por outras culturas, o que causaria a expansão dessas culturas sobre a floresta, gerando emissões de GEEs indiretas. O *Relatório da Comissão sobre as alterações indirectas da utilização dos solos relativas aos biocombustíveis e biolíquidos*, apresentado pela Comissão em dezembro de 2010, concluiu que, apesar da clareza quanto à importância em minimizar os impactos de emissões de GEEs associadas a alterações indiretas do uso da terra, é preciso avançar nos modelos destinados a mensurar esses impactos.

4. Artigo 17 da Diretiva 2009/28/CE.
5. A discussão sobre efeitos indiretos do uso da terra (ILUC) ganhou peso em 2009 e 2010, e inúmeros cientistas e pesquisadores buscaram modelar possíveis emissões indiretas de GEEs, ligadas a desmatamento, que tolheriam os benefícios dos biocombustíveis em relação a emissões reduzidas quando comparados aos combustíveis fósseis.

> "No que respeita às alterações indiretas da utilização dos solos, com base no trabalho realizado até hoje, a Comissão acredita que é possível tirar algumas conclusões. Reconhece que continua por resolver uma série de deficiências e incertezas associadas à modelização necessária para estimar os impactos, o que pode ter impacto significativo nos resultados do trabalho de análise efetuado até agora. Por esse motivo, irá prosseguir os trabalhos neste domínio a fim de assegurar que as decisões políticas se baseiem nos melhores dados científicos disponíveis e de cumprir as suas futuras obrigações de elaboração de relatórios sobre esta matéria.
>
> No entanto, a Comissão reconhece que as alterações indiretas da utilização dos solos podem ter impacto nas reduções de emissões de gases com efeito de estufa associadas aos biocombustíveis, podendo em certas circunstâncias diminuir a sua contribuição para os objetivos políticos, caso não sejam adotadas medidas. Assim, a Comissão considera que, se for necessária ação, as alterações indiretas da utilização dos solos devem ser objeto de uma abordagem baseada no princípio de precaução."[6]

A questão central em relação à ILUC é que a dificuldade de adotar um modelo científico confiável, que permita medir impactos consistentes desses efeitos indiretos, torna a exigência bastante contestável perante a OMC (Acordo sobre Barreiras Técnicas ao Comércio – TBT e Artigo XX (b) do Acordo Geral sobre Tarifas e Comércio). É importante lembrar que quando um assunto estritamente técnico é objeto de um Painel, são criados grupo de peritos que trazem conhecimento científico para ajudar a definir a necessidade ou não da medida em questão.

O relatório *Impact Assessment,* apresentado pela Comissão Europeia em outubro de 2012, ressalta a dificuldade de tratar a questão de impactos indiretos e propõe algumas soluções que deverão ser analisadas na reformulação da política de promoção e uso de energias renováveis.

É interessante observar que há uma evidente preocupação com o fato de as definições terem impactos em outros países, o que é visivelmente crítico sob o ponto de vista da criação de barreiras ao comércio, com o alegado propósito de evitar impactos decorrentes de emissões indiretas de GEEs, o que, como destacado pela própria Comissão, não é uma tarefa fácil de mensurar com bases científicas.

> "The sustainability criteria of the Directives have their legal basis in Article 114 of the Treaty: internal market. The indirect land-use change impacts necessarily have transnational aspects which cannot be dealt with

6. *Relatório da Comissão sobre as alterações indiretas da utilização dos solos relativas aos biocombustíveis e biolíquidos*, de 22 dez. 2010. Disponível em: <http://eurlex.europa.eu/LexUriServ/LexUriServ.do?uri=COM:2010:0811:FIN:PT:PDF>.

satisfactorily by Member States, when the EU wants to establish a functional EU-wide market for biofuels. Since there will also be international trade in biofuels with countries outside the EU, this can also not be properly regulated at Member State level.

It has to be considered whether and how the objectives could be better achieved by action on the part of the EU: the 'test of European added value'. The rationale for European action in the field of biofuels has already been decided with the adoption of the Fuel Quality and Renewable Energy Directives. This stems from the transnational nature of the identified problem and the desire to create a single market in renewable and lower greenhouse gas intensity energies for transport. For these reasons, the policy objectives set out in section 3 of the present Impact Assessment report cannot be sufficiently achieved by actions of the Member States alone, but have to be coordinated and harmonised across the EU".[7]

Dentre as sugestões propostas sobre como tratar dos efeitos indiretos, que deverão ser consideradas na revisão da política europeia, vale citar: a) a não adoção de ações no momento, enquanto continua a monitorar o assunto; b) aumentar o mínimo possível os benefícios de redução de emissões dos biocombustíveis; c) criar requisitos adicionais de sustentabilidade para determinadas categorias de biocombustíveis; d) atribuir uma quantidade de emissões de GEEs para os biocombustíveis, a fim de refletir a estimativa do impacto do uso indireto da terra; e) limitar a contribuição dos biocombustíveis convencionais para as metas da Uniao Europeia sobre o uso de energias renováveis.[8]

A exigência quanto à não produção em áreas ricas em biodiversidade é outro ponto sensível das Diretivas. Isso porque a discricionariedade para apontar para áreas onde não se pode produzir poderia criar choques com legislações de muitos países.

Não há uma definição final sobre o tema, mas a UE avança na tentativa de legitimar o conceito de áreas de alto valor de conservação e pastagens com elevada biodiversidade. A publicação *Inventory of data sources and methodologies to help economic operators identify land status relating to EU sustainability criteria for biofuels and bioliquids*, preparada pela consultoria Ecofys, denota o quanto esse tema pode gerar barreiras ao comércio.[9]

Apesar desses dois pontos críticos, 13 iniciativas de certificação privada foram reconhecidas pela Comissão como passíveis de comprovar os critérios

7. EUROPEAN COMISSION, *Impact Assessment*, 17 out. 2012, p. 27.
8. Idem, ibidem, p. 32.
9. ECOFYS, *Inventory of data sources and methodologies to help economic operators identify land status relating to EU sustainability criteria for biofuels and bioliquids*, 2011.

exigidos pela UE, o que tende a minimizar restrições ao comércio na medida em que abre opções para os *stakeholders*, que não ficam necessariamente obrigados a cumprir um determinado esquema. As certificações aceitas como equivalentes pela UE são as seguintes:

1. *ISCC (International Sustainability and Carbon Certification)*
2. *Bonsucro EU*
3. *RTRS EU RED (Round Table on Responsible Soy EU RED)*
4. *RSB EU RED (Roundtable of Sustainable Biofuels EU RED)*
5. *2BSvs (Biomass Biofuels voluntary scheme)*
6. *RBSA (Abengoa RED Bioenergy Sustainability Assurance)*
7. *Greenergy (Greenergy Brazilian Bioethanol verification programme)*
8. *Ensus voluntary scheme under RED for Ensus bioethanol production*
9. *Red Tractor (Red Tractor Farm Assurance Combinable Crops & Sugar Beet Scheme)*
10. *SQC (Scottish Quality Farm Assured Combinable Crops (SQC) scheme)*
11. *Red Cert*
12. *NTA 8080*
13. *RSPO RED (Roundtable on Sustainable Palm Oil RED)*[10]

A possível redução da meta de uso de biocombustíveis de 10% para 5% até 2020, considerando grãos e outros produtos agrícolas, não deverá alterar o enfoque quanto a critérios de sustentabilidade. Na prática, a questão sobre a dificuldade de tratar das emissões indiretas de GEEs do uso da terra pode ser, em parte, responsável pela redução da meta de 10% aprovada em 2009.

III.2. Padrões privados e certificações para biocombustíveis

As certificações são cada vez mais presentes no universo dos produtos agropecuários, ora exigidas por cadeias atacadistas, por ONGs e grupos *multistakeholder*, envolvendo bancos, indústrias, produtores, entre outros atores, ora por esquemas unilaterais onde os princípios e critérios são criados unilateralmente.

Diversas certificações ou padrões privados, como a Mesa Redonda sobre Biocombustíveis Sustentáveis (*Roundtable on Sustainable Biofuels* – RSB), a *Better Sugarcane Initiative*, hoje conhecida como BONSUCRO, buscam atestar a produção sustentável de biocombustíveis. Um ponto essencial quando se anali-

10. Dados disponíveis no endereço eletrônico da Comissão Europeia: <http://ec.europa.eu/energy/renewables/biofuels/sustainability_schemes_en.htm>.

sam diferentes certificações ou padrões é a forma como os princípios e critérios que serão utilizados para atestar o cumprimento do padrão foram criados.

Isso é relevante na medida em que iniciativas unilaterais tendem a ter menos legitimidade. Quanto mais diálogo entre diferentes partes e transparência nos processos que visam estabelecer os padrões, mais legítimas tendem a ser as medidas exigidas. Isso, no entanto, não significa que as medidas não possam criar barreiras ao comércio.

Quadro: Modelos de certificação baseados nos agentes que criam os princípios e critérios

Modelo-formato	Quem cria os princípios, critérios e indicadores	Características
UNILATERAL	Estabelecidos de forma unilateral, sem discussão e validação com os atores que deverão implementar e cumprir as exigências	▪ Possuem baixa credibilidade caso não sejam auditados de forma independente (certificação de primeira parte ou autocertificação *versus* certificação de terceira parte ou independente) ▪ Exemplos: padrões adotados por um varejista.
BILATERAL	Órgãos/agências de dois governos criam padrões com certos propósitos	▪ Modelo muito particular, utilizado por alguns países, que acabam criando padrões comuns ▪ Exemplo: *Food Standards Australia New Zealand* (FSANZ)
SETORIAL	Criados pelo próprio setor ou entidade que busca mostrar o cumprimento de práticas sustentáveis	▪ Modelo desenvolvido por uma associação empresarial que cria padrões para o setor e verifica se as empresas os cumprem ▪ Exemplo: Selo de Pureza da Associação Brasileira da Indústria do Café (ABIC)
ORGANIZAÇÕES INTERNACIONAIS	Organizações internacionais	▪ São padrões de referência sobre saúde humana, animal e vegetal, questões técnicas ▪ São reconhecidos pela Organização Mundial do Comércio (OMC) ▪ Os países podem implementá-los ou não ▪ Exemplos: Organização Mundial de Saúde Animal (OIE, em inglês), Comissão do *Codex Alimentarius*, Convenção Internacional de Proteção Vegetal (IPPC) e Organização Internacional de Estandardização (ISO)

(continua)

(continuação)

Modelo-formato	Quem cria os princípios, critérios e indicadores	Características
MULTISTAKEHOLDER	Grupos com vários atores interessados (produtores, indústria, bancos, ONGs etc.) negociam e discutem quais serão os princípios, critérios e indicadores que deverão ser cumpridos	▪ Certificação baseada em princípios, critérios e indicadores criados por um grupo de *stakeholders* interessados, como ONGs, setor privado, bancos e sociedade civil ▪ Se a iniciativa tiver uma boa governança, os critérios tendem a ter legitimidade. pois foram aprovados em um processo inclusivo ▪ Auditoria de terceira parte, independente, o que garante credibilidade ▪ Exemplo: Conselho de Manejo Florestal (FSC).
MULTISTAKEHOLDER E GOVERNO	A discussão dos padrões se dá com base no trabalho de *stakeholders* e atores governamentais	▪ Em tese, padrões dessa natureza podem gerar o cumprimento de requisitos previstos em lei, bem como trazer novas demandas para os países, consolidando a importância de um tema ▪ Exemplo: *SCP Roundtable* (União Europeia).

Fonte: Elaboração do autor, 2012.

A *Roundtable on Sustainable Biofuels* (RSB)[11] é uma associação *multistakeholder* formada por agricultores, empresas, ONGs, especialistas, governos e organismos intergovernamentais que têm o objetivo de promover a produção e o processamento sustentável de biocombustíveis. A iniciativa é coordenada pelo Centro de Energia da École Polytechnique Fédérale de Lausanne (EPFL), em Lausanne, na Suíça, mas tem membros em mais de 40 países.[12]

Em maio de 2011 foi aprovada a segunda versão do documento de princípios e critérios da RSB. O *RSB Principles & Criteria for Sustainable Biofuel Production* estabelece os padrões que devem ser seguidos para que seja possível conseguir a certificação. Os princípios da RSB são:

Princípio 1: Legalidade

Princípio 2: Planejamento, monitoramento e melhoria contínua

Princípio 3: Gases de efeito estufa

11. Cf.: http://rsb.epfl.ch/>.
12. Para uma lista detalhada dos membros da RSB consultar: <http://rsb.epfl.ch/page-24931-en.html>.

Princípio 4: Direitos humanos e trabalho
Princípio 5: Desenvolvimento rural e social
Princípio 6: Segurança alimentar local
Princípio 7: Conservação
Princípio 8: Solo
Princípio 9: Água
Princípio 10: Ar
Princípio 11: O uso de tecnologia, insumos e gestão de resíduos
Princípio 12: Direitos da Terra

Dentre os critérios, vale citar:

- Os biocombustíveis devem contribuir para mitigar os efeitos das mudanças climáticas por meio da redução de emissões de GEEs em comparação com os combustíveis fósseis;
- Uma mistura de biocombustíveis deverá ter um ciclo de vida das emissões de GEEs em média 50% menor em relação à base de combustíveis fósseis;
- As operações de biocombustíveis devem avaliar os riscos para a segurança alimentar na região e localidade e devem mitigar eventuais impactos negativos que resultam de suas operações;
- Em regiões com insegurança alimentar, as operações de biocombustíveis devem reforçar a segurança alimentar local das partes interessadas diretamente afetadas;
- Valores de conservação de importância local, regional ou global dentro da potencial ou existente área de operação devem ser mantidos ou aumentados;
- Funções dos ecossistemas e serviços que são diretamente afetados pelas operações de biocombustíveis devem ser mantidos ou melhorados;
- Corredores ecológicos devem ser protegidos, restaurados ou criados para minimizar a fragmentação de hábitats;
- Operações de biocombustíveis devem implementar práticas que buscam reverter a degradação do solo e/ou manter a saúde deste;
- Operações de biocombustíveis não contribuirão para o esgotamento de águas superficiais ou subterrâneas além da capacidade natural de reposição;
- As fontes de emissões de poluentes das operações de biocombustíveis devem ser identificadas e minimizadas por meio de um plano de gerenciamento do ar;

- O uso da biotecnologia em operações de biocombustíveis, incluindo plantas, micro-organismos e algas, deve minimizar o risco de danos ao meio ambiente e às pessoas, além de melhorar o desempenho ambiental e/ou social no longo prazo.[13]

Alguns temas sensíveis são debatidos por grupos de peritos, como é o caso do grupo sobre organismos geneticamente modificados, criado em 2010. O Grupo de Peritos sobre OGMs deverá avaliar quais (e se) responsabilidades ligadas aos OGMs devem ser inseridas nos padrões da RSB. Além disso, o Grupo irá recomendar melhorias para as diretrizes de mitigação de riscos sobre OGMs, a fim de minimizar potenciais passivos.

Na segunda versão do padrão RSB, está previsto que o uso de organismos geneticamente modificados deverá seguir as orientações pertinentes, nacionais e internacionais, as leis e os acordos, os sistemas de *stewardship* para culturas específicas. Além disso, quem usar OGMs deverá tomar medidas para prevenir danos.

Outro tema que motivou a criação de um Grupo de Peritos foi a questão dos efeitos ou impactos indiretos da produção de biocombustíveis. A discussão sobre efeitos indiretos do uso da terra (ILUC), debatida no âmbito da política europeia e mesmo dos Estados Unidos, ganhou peso em 2009 e 2010, e inúmeros cientistas e pesquisadores buscam modelar possíveis emissões indiretas de GEEs ligadas a desmatamento, que tolheriam os benefícios dos biocombustíveis em relação a emissões reduzidas quando comparados aos combustíveis fósseis.

Em julho de 2012 a RSB, em parceria com a consultoria Ecofys e a ONG *WWF International* publicou o estudo *Low Indirect Impact Biofuel (LIIB) Methodology*, como um enfoque para diferenciar biocombustíveis com menor risco de gerar impactos indiretos.[14] Várias medidas de mitigação de risco de efeitos indiretos são propostas, como, por exemplo:

> "1. Biomass production on 'unused land' – land that does not provide provisioning services. Because this does not displace other human uses of the land, it does not cause indirect impacts. Expanding production on unused land does lead to a direct LUC, but such direct LUC is controllable (e.g. through certification) and can be limited to those areas where impacts are acceptable.
>
> 2. Increasing feedstock availability for biofuels without increasing the pressure on land through increased yield or land productivity. Potential ne-

13. *RSB Principles and Criteria. Version 2*, 10 May 2011.
14. *Low Indirect Impact Biofuel (LIIB) Methodology*, 2012.

gative environmental or social impacts from intensification models have to be taken into consideration.

3. Biomass production on 'underused land' – falls between the above two categories, and is of special relevance in smallholder farming operations in developing countries.

4. Increasing feedstock availability through reduction of post-harvest waste. This is especially relevant in some developing countries where post--harvest waste (e.g. due to inadequate storage facilities) can be significant.

5. Integrating food and fuel production in ways that lead to a higher overall land productivity and thereby prevent additional pressure on land.

6. Bioenergy production from end-of-life products (residues and wastes). Current functions and uses of these residues must be well understood; otherwise displacement, and the associated indirect impacts, may still occur.

7. Bioenergy production from feedstocks that require little land, such as aquatic biomass (algae), as long as they are currently not used for other purposes".[15]

Como essa metodologia será utilizada e aplicada em diferentes países, e se efetivamente pode minimizar efeitos indiretos, são perguntas que dependerão da aplicação caso a caso. No entanto, é importante assinalar que é uma metodologia criada por uma consultoria e uma ONG juntamente com a RSB, e que tem um potencial para criar dificuldades ou mesmo restrições no nível do produtor, principalmente quando se consideram diferentes países. Isso pode criar barreiras para um determinado produtor obter a certificação, e, na prática, restringir seu acesso ao mercado.

É importante mencionar que o desenvolvimento dos princípios e critérios da RSB faz referência ao Guia ISO 59 (Código de Boas Práticas de Normalização), ao Código de Boas Práticas para Estabelecimento de Normas Sociais e Ambientais do *International Social and Environmental Accreditation and Labelling Alliance* (ISEAL), ao Código de Boas Práticas para a Elaboração, Adoção e Aplicação de Normas do Anexo 3 do Acordo sobre Barreiras Técnicas ao Comércio (TBT) e sua segunda revisão trienal (Anexo 4, Princípios para o Desenvolvimento da padrões internacionais, Guias e Recomendações com relação aos artigos 2, 5 e Anexo 3 do Acordo).

Isso, no entanto, não significa que seus critérios não possam causar restrições ao comércio não necessariamente fundamentadas, como requer o próprio Acordo TBT, o Acordo SPS, o Artigo XX do GATT, bem como os princípios da OMC.

15. *Low Indirect Impact Biofuel (LIIB) Methodology*, 2012, p. 9.

É válido citar o exemplo da ISO na discussão de sustentabilidade para bioenergia, uma vez que se trata de um padrão internacional com uma abordagem de mercado bastante forte. Em 2010 a ISO estabeleceu o grupo ISO/PC 248 – *Sustainable Criteria for Bioenergy* – com o objetivo de criar padrões de sustentabilidade para bioenergia (não somente biocombustíveis), envolvendo aspectos como emissões de GEEs, segurança alimentar e boas práticas agrícolas de forma geral.

A primeira reunião formal do grupo ocorreu em 2010, no Rio de Janeiro, com a presença de França, Holanda, Alemanha, Estados Unidos, Colômbia e Brasil. Nesse encontro foi decidido o mandato do grupo, e a definição de quatro grupos de trabalho que deverão discutir quais os elementos da futura norma ISO. Os grupos de trabalho são os seguintes:

- WG1 – Questões transversais, incluindo terminologia (termos e definições), verificação e auditoria (coordenado pela Holanda);
- WG2 – Gases de efeito estufa (coordenado pelos Estados Unidos);
- WG3 – Aspectos ambientais, econômicos e sociais; o grupo deverá propor princípios, critérios e indicadores que deverão ser incluídos na norma ISO (coordenado pela Suécia e pelo Brasil);
- WG4 – Efeitos indiretos (coordenado pela Argentina e pelo Canadá).

Os grupos se reúnem de acordo com uma agenda predefinida, e a meta é avançar na criação dos princípios, critérios e indicadores que definirão, nos termos da ISO, o que é sustentabilidade para bioenergia. A norma deverá ser aprovada em 2013.

É extremamente importante citar que as normas ISO em princípio seguem as regras da OMC, em especial o Acordo TBT. Considerando que a norma tenderá a ser bastante abrangente, pois deverá ser aplicada a qualquer fonte de bioenergia, e envolverá temas como emissões de GEEs e várias questões ambientais, dependendo de quais critérios sejam criados, a compatibilidade com a OMC poderá se tornar um ponto questionável. Esse é um desafio para a OMC.

IV – Biocombustíveis e biodiversidade na CDB

Outra forma de salientar a complexidade da relação entre a OMC e as questões ambientais é por meio das negociações que ocorrem em MEAs, como a Convenção sobre Diversidade Biológica (CDB) e o Protocolo de Cartagena sobre Biossegurança.

A discussão sobre impactos dos biocombustíveis à biodiversidade começou em 2008 no contexto do Órgão Subsidiário de Assessoramento Científico,

Técnico e Tecnológico da CDB (SBSTTA), que tem mandato para debater cientificamente temas acordados pelas Partes. O documento *Potential Impacts of Biofuels on Biodiversity*,[16] sintetizando os pontos que seriam levados para a COP9, destacava preocupações das Partes da CDB sobre impactos da produção de biocombustíveis considerando todo o ciclo de vida da produção ao consumo, o uso da terra e os impactos sobre os estoques de carbono, com o uso da água, fertilizantes, pesticidas, espécies invasoras e impactos socioeconômicos da produção, como aumento do preço dos alimentos.

Além disso, o texto incentivava a criação de padrões para a produção sustentável de biocombustíveis, reconhecendo algumas das iniciativas ligadas a padrões privados/certificações, requerendo que o SBSTTA ajude a desenvolver certos elementos que podem contribuir para mitigar impactos da produção de biocombustíveis.

A Decisão IX/2 (*Agricultural Biodiversity: Biofuels and Biodiversity*),[17] adotada na COP9, reconheceu a importância de minimizar impactos negativos da produção e do uso de biocombustíveis à biodiversidade, bem como salientar impactos positivos, em vez de reconhecer expressamente certas iniciativas de certificação, o que não parece adequado como uma decisão dos países que fazem parte da CDB, uma vez que quem cria os padrões não são os países, mas sim ONGs, indústria, produtores, bancos e outros *stakeholders*, a decisão convidava os países a participarem das iniciativas que tratam dos impactos dos biocombustíveis.

É interessante destacar propostas bastante contrárias ao desenvolvimento dos biocombustíveis utilizando-se de argumentos como impactos a segurança alimentar, direito à terra, questões ligadas aos povos indígenas e de gênero. A pressão para estender de forma ampla a decisão da CDB sobre biocombustíveis ficou cada vez mais visível. A própria adoção do princípio de precaução como uma regra geral sobre a produção e uso de biocombustíveis indica como as negociações se tornaram complexas:

> "3. Urges Parties and invites other Governments, in consultation with relevant organizations and stakeholders, including, indigenous and local communities, to:
>
> (c) Develop and apply sound policy frameworks for the sustainable production and use of biofuels, acknowledging different national conditions, and taking into account their full life cycle as compared to other fuel types, that contribute to the conservation and sustainable use of biodiversity,

16. UNEP/CBD/COP/9/26.
17. UNEP/CBD/COP/DEC/IX/2.

making use of relevant tools and guidance under the Convention as appropriate, including, inter alia:

(i) The application of the precautionary approach in accordance with the preamble of the Convention on Biological Diversity; [...]".[18]

Entre 2008 e 2010 as negociações sobre como minimizar impactos e promover os benefícios dos biocombustíveis continuaram no contexto das reuniões do SBSTTA. O texto que chegou à COP10 tinha ao menos dois pontos sensíveis, que foram negociados à exaustão pelas Partes: (i) uma decisão sobre o reconhecimento de áreas de alto valor de biodiversidade, onde não se poderia produzir biocombustíveis (criando as chamadas *no go areas*); e (ii) a adoção de uma moratória ao uso da biologia sintética (envolve biotecnologia) para a produção de biocombustíveis.

O conceito de *high value conservation areas* decorre da experiência do *Forest Steawardship Council* (FSC), com a delimitação de áreas de alta biodiversidade que deveriam ser conservadas na produção de florestas. Com um foco mais específico, ligado à definição de áreas protegidas, a experiência da *International Union for Conservation of Nature* (IUCN), organização ambiental composta por países, órgãos de governo, ONGs e afiliados, também é considerada quando se trata de áreas relevantes para a biodiversidade.

No âmbito da *World Comission on Protected Areas*, a IUCN possui categorias para mapear áreas protegidas de acordo com seu manejo: *Strict Nature Reserve*; *Wilderness Area*; *National Park*; *Natural Monument*; *Habitat/Species Management Area*; *Protected Landscape/Seascape*; e *Managed Resource Protected Area*.[19]

A ideia de restringir a produção em certas áreas que contenham valores importantes de biodiversidade também está presente na regulamentação da União Europeia, como citado acima. A Diretiva 2009/30/CE, que estabeleceu exigências de sustentabilidade, previu que os biocombustíveis não podem ser produzidos a partir de matérias-primas provenientes de áreas ricas em biodiversidade. Dentre os critérios previstos para definir essas áreas, vale destacar:

"3. Biofuels taken into account for the purposes referred to in paragraph 1 shall not be made from raw material obtained from land with high biodiversity value, namely, land that had one of the following statuses in or after January 2008, whether or not the land continues to have such a status:

18. UNEP/CBD/COP/DEC/IX/2, parágrafo 3(c)(i).
19. Para maiores informações sobre a IUCN e as categorias de áreas protegidas, consultar: <http://www.iucn.org/about/work/programmes/gpap_home/gpap_quality/gpap_pacategories/>.

(a) primary forest and other wooded land, that is forest and other wooded land of native species, where there is no clearly visible indication of human activity and the ecological processes are not significantly disturbed;

(b) areas designated:

(i) by law or by the relevant competent authority for nature protection purposes; or

(ii) for the protection of rare, threatened or endangered ecosystems or species recognised by international agreements or included in lists drawn up by intergovernmental organisations or the International Union for the Conservation of Nature, subject to their recognition in accordance with the second subparagraph of Article 7c(4); unless evidence is provided that the production of that raw material did not interfere with those nature protection purposes;

(c) highly biodiverse grassland that is:

(i) natural, namely, grassland that would remain grassland in the absence of human intervention and which maintains the natural species composition and ecological characteristics and processes; or

(ii) non-natural, namely, grassland that would cease to be grassland in the absence of human intervention and which is species-rich and not degraded, unless evidence is provided that the harvesting of the raw material is necessary to preserve its grassland status".[20]

O critério de *highly biodiversity grassland*, por exemplo, pode tornar a produção de biocombustíveis em certas áreas do Cerrado brasileiro não elegível para os critérios de sustentabilidade. A Comissão Europeia ainda não adotou uma decisão final de como irá tratar o assunto, mas certamente é um ponto delicado, principalmente porque abre espaço para restrições que podem facilmente entrar em choque regulamentações dos países produtores.

A ideia de adotar na CDB uma decisão que requeresse a criação de *no go areas* pelas Partes foi bastante combatida pelo Brasil com o argumento de que cabe a cada país definir quais áreas podem ou não serem utilizadas. O Zoneamento Agroecológico da Cana de Açúcar, aprovado em 2009, era um exemplo de política nacional ligada à definição de áreas apropriadas e não apropriadas para a produção de biocombustíveis.

Além disso, a Portaria Ministerial 9, de 23 de janeiro de 2007, da Comissão Nacional de Biodiversidade do Ministério do Meio Ambiente aprovou a revisão das *Áreas Prioritárias para a Conservação, Uso Sustentável e Repartição de Benefícios da Biodiversidade Brasileira,* um amplo mapeamento de áreas que são consideradas pelo governo na criação de áreas protegidas.

20. *Directive 2009/30/EC*, Article 7.b.

Como não existe um conceito internacional de *high value conservation areas*, adotado pela CDB,[21] ou seja, pelas Partes da Convenção, mas sim conceitos como o de áreas protegidas da IUCN (que na prática é reconhecido pela CDB), do FSC e de outras organizações e consultorias que tratam de conservação ambiental, não parecia adequado que uma decisão da CDB recomendasse ações que certamente criariam restrições ao desenvolvimento, produção e comércio de biocombustíveis, sem que isso fosse estritamente necessário para evitar danos à biodiversidade.

De um lado há uma demanda ambiental, sem que exista clareza sobre a efetiva necessidade de uma medida tão abrangente que teria interferência direta na forma como cada país regula o acesso e o uso da terra e, de outro, preocupações sobre os impactos que uma decisão dessa natureza, acordada por uma Convenção como a CDB poderia criar ao comércio.

A decisão adotada previu que as Partes deveriam desenvolver inventários nacionais para identificar áreas de elevado valor para biodiversidade, bem como identificar áreas onde não se deveria produzir biocombustíveis. O parágrafo 7 da decisão X/37, abaixo, foi acordado depois de intensas horas de negociação:

> "7. Invites Parties, acknowledging different national conditions, other Governments and relevant organizations, bearing in mind ecosystem functions and services, to:
>
> (a) Develop, national inventories so as to identify areas of high biodiversity value, critical ecosystems, and areas important to indigenous and local communities; and
>
> (b) Assess and identify areas and, where appropriate, ecosystems that could be used in, or exempted from, the production of biofuels; so as to assist policy-makers in applying appropriate conservation measures and identifying areas deemed inappropriate for biofuel feedstock production, to

21. "Não existe um conceito harmonizado do que seja uma área de alto valor de conservação. Mas é essencial considerar a experiência do Forest Stewardship Council, que na década de 90 estabeleceu critérios para definir áreas de alto valor para a produção de florestas, e da União Internacional para a Conservação da Natureza, que definem essas áreas como ricas em biodiversidade, em espécies ameaçadas, relevantes para populações locais, bem como áreas protegidas. A proposta de rotular produtos cultivados em certas áreas como não sustentáveis é no mínimo perigosa. Discute-se, por exemplo, que o Cerrado (Savana, como dito lá fora) é um bioma riquíssimo e fortemente ameaçado no Brasil, e, por isso, deve ser considerado como uma área de alto valor onde não se pode produzir." (LIMA, Rodrigo C. A. Proteção e protecionismo. *O Globo*, 7 jul. 2009).

promote the positive and minimize or avoid the negative impacts of biofuel production and use on biodiversity, with the full and effective participation of indigenous and local communities and stakeholders, applying relevant impact assessments; [...]".[22]

A proposta de moratória à biologia sintética visava proibir sua utilização para a produção de biocombustíveis, o que significaria, por exemplo, proibir tecnologias que utilizam micro-organismos e leveduras geneticamente modificadas para produzir etanol ou biodiesel.[23]

Com base no princípio da precaução, diversos países africanos, a Bolívia e outros países buscaram a aprovação da moratória. É interessante salientar que vários produtos são feitos utilizando processos industriais compostos por leveduras, micro-organismos e bactérias modificadas geneticamente, como queijos, cervejas, vinhos, remédios, entre inúmeros produtos.

A saída de consenso para não bloquear a decisão como um todo foi prever que cada país deve adotar o enfoque de precaução no tocante à utilização da biologia sintética para a produção de biocombustíveis.[24]

O debate sobre biocombustíveis continuou no SBSTTA, e em sua 16.ª Sessão, realizada em Montreal no início de 2012, a proposta de reconhecer a IUCN como organização de referência no tocante à definição de áreas de alto va-

22. UNEP/CBD/COP/DEC/X/37.
23. "O ponto que gostaria de levantar é a proposta de uma moratória contra o uso de leveduras e microrganismos geneticamente modificados para produzir energias renováveis. Parte-se do princípio de que essas tecnologias não são seguras o suficiente e podem trazer danos à biodiversidade, razão por que é importante agir com precaução. [...] Não se trata de preterir o meio ambiente e privilegiar o comércio. É essencial, no entanto, ponderar até que ponto a proposta de garantias financeiras e da moratória à biotecnologia utilizada para produzir biocombustíveis é relevante para proteger a biodiversidade. Enzimas, bactérias e microrganismos geneticamente modificados são largamente utilizados na produção de alimentos, remédios, vacinas, e serão muito úteis na consolidação do etanol celulósico, o que significará menos emissões de gases de efeito estufa, mais energia com menos área plantada e, naturalmente, benefícios ambientais." (LIMA, Rodrigo C. A. Comércio, meio ambiente e biodiversidade. *O Estado de S. Paulo*, 6 out. 2010.
24. *Decision X/37*, Paragraph 16: "Urges Parties and other Governments to apply the precautionary approach in accordance with the Preamble to the Convention, and the Cartagena Protocol, to the introduction and use of living modified organisms for the production of biofuels as well as to the field release of synthetic life, cell, or genome into the environment, acknowledging the entitlement of Parties, in accordance with domestic legislation, to suspend the release of synthetic life, cell, or genome into the environment".

lor de conservação para a biodiversidade foi trazida para a mesa em uma reunião informal pelos europeus, o que foi combatido por Canadá, Argentina e Brasil.

Apesar de o parágrafo ter ficado de fora das recomendações do SBSTTA levadas para a COP11, que ocorreu em Hyderabad, na Índia, é importante destacar que no âmbito da CDB é usual surgirem propostas que reconhecem o trabalho de organizações de caráter ambiental como base para decisões das Partes da Convenção, muitas vezes no sentido de buscar adotá-las como padrões internacionais.

É intrigante ponderar que, apesar de o tema ter sido tratado no âmbito do SBSTTA, que é um órgão de assessoramento científico, as Partes reiteradamente argumentam que, embora o órgão por natureza tenha caráter científico, as reuniões são realizadas entre as delegações das Partes normalmente compostas por representantes das relações exteriores ou dos órgãos de meio ambiente, e não entre peritos em um determinado tema. Somente *papers* e estudos acabam sendo encomendados pelo Secretariado a *experts* como forma de orientar as reuniões, que na prática se tornaram um foro de negociação que recomenda decisões para a Conferência das Partes.

Por fim, a Decisão XI/27, adotada na COP11, manteve a recomendação de que cabe aos países definirem suas áreas de alto valor de biodiversidade. Além disso, o órgão de assessoramento continuará a discutir como mensurar impactos diretos e indiretos da produção de biocombustíveis, bem como aprofundar o debate sobre áreas degradadas, causas do desmatamento e outros assuntos relacionados à sustentabilidade. O tema voltará a ser discutido na COP12 em 2014.

As negociações sobre biocombustíveis na CDB ilustram com clareza a relação entre MEAs e temas comerciais. Não se trata de priorizar um tema em detrimento de outro, mas quanto mais genéricos são os argumentos, como restringir uma tecnologia ou até mesmo a produção de biocombustíveis de maneira geral com base no princípio de precaução, mais fácil se torna a criação de barreiras que não necessariamente são essenciais para proteger a biodiversidade.

Além disso, a inclusão de temas como segurança alimentar, questões de gênero e, de forma ampla, assuntos socioeconômicos nas negociações, abre espaço para discussões que fogem ao escopo da CDB e podem criar restrições desnecessárias ao comércio.

V – Relação do Protocolo de Cartagena com a OMC

O Protocolo de Cartagena sobre Biossegurança é um tratado vinculado à CDB que tem como objetivo principal regular o movimento transfronteiriço de organismos vivos modificados – OVMs (organismos geneticamente modificados que possuem a capacidade de transferir ou replicar o material genético), a fim de evitar possíveis danos à biodiversidade, considerando riscos para a saúde humana. Apesar de ser um tratado ambiental, a relação do Protocolo é inata quando trata do movimento de produtos entre países.

A identificação de OVMs utilizados para alimentação, ração e processamento, para sementes (liberação intencional no meio ambiente) e para pesquisas, a adoção do *Protocolo Suplementar de Nagoia-Kuala Lumpur sobre Responsabilidade e Compensação* e a adoção de orientações (*guidelines*) sobre análise de risco são alguns dos temas que movimentam o Protocolo mediante a adoção de decisões nas reuniões das Partes conhecidas como MOPs (*Meeting of the Parties*).

O Protocolo foi adotado pelas Partes da CDB em 2000 e entrou em vigor em setembro de 2003. Desde então, foram realizadas seis Reuniões das Partes, tendo a última ocorrido em Hyderabad, Índia, em outubro de 2012. Na prática, as decisões visam incentivar os países a adotar regulamentações sobre biotecnologia e biossegurança, bem como capacitar os países que não tenham experiência no tema.

A decisão sobre identificação, por exemplo, parte do Artigo 18 do Protocolo, que prevê que os países adotariam regras para identificar alimentos, sementes e OVMs para pesquisa, que devem ser identificados quando sujeitos a movimentos transfronteiriços.

Durante a MOP3, que ocorreu em Curitiba, em 2006, o debate sobre identificação dominou a Reunião das Partes, e ao invés de adotar uma obrigação de identificar todo e qualquer carregamento com o símbolo "contém OVMs", e a respectiva lista de quais OVMs estariam presentes, previu-se que os países devem adotar a identificação com a expressão "pode conter OVMs", citando quais OVMs são autorizados pelo país de origem, o que era justificado pela dificuldade e custos dos testes que precisariam ser feitos. Esse debate continua na mesa de negociação, e voltará em 2014 quando os países analisarão a experiência com a identificação mais branda, com "pode conter OVMs", a fim de verificar a necessidade de adotar a forma mais detalhada, "contém OVMs".

Na MOP6 o grande tema foi a adoção de orientações sobre análise e manejo de risco para OVMs que poderiam ser adotadas pelas Partes como base para suas políticas e para processos de análise de risco. Entre 2008 e 2012 foi desenvolvido um *Guidance on Risk Assessment of Living Modified Organisms*, que foi submetido à aprovação das Partes durante a MOP6. O Guia não foi aprovado, e as Partes deverão revisá-lo a fim de torná-lo operativo, o que ensejará discussões no grupo *ad hoc* de análise de riscos até a próxima MOP, em 2014.

Apesar de ser um documento contendo *guidelines* ou orientações para as Partes, é importante observar que a pressão pela aprovação do *Guidance* ocorreu pela vontade de algumas Partes de ter um documento guia, que poderia ser considerado como um padrão para as Partes. A despeito do seu caráter voluntário, pois se trata de um documento com orientações, fatalmente se tornaria uma referência criada no contexto de um tratado internacional, e poderia fundamentar políticas e medidas que teriam relação com o comércio de OVMs.

Em paralelo, no âmbito das discussões sobre manuseio, transporte e identificação de OVMs, havia uma proposta recomendando que os padrões do Protocolo de Cartagena fossem reconhecidos na lista dos padrões, orientações e recomendações aplicadas pelos Membros da OMC no âmbito do Acordo sobre a Aplicação de Medidas Sanitárias e Fitossanitárias (Acordo SPS). O parágrafo 21 (h) (i) do documento previa o seguinte:

> "21. Based on the above analysis, the Conference of the Parties serving as the meeting of the Parties to the Protocol may wish to:
>
> (h) Encourage Parties and other Governments to:
>
> (i) Support the recognition of the Cartagena Protocol on Biosafety standards in the list of international standards, guidelines or recommendations applied by Members of the World Trade Organization under the Agreement on the Application of Sanitary and Phytosanitary Measures; [...]".[25]

A proposta foi feita por um estudo comissionado pelo Secretariado com o objetivo de analisar padrões, métodos e orientações relevantes sobre manuseio, transporte, embalagem e identificação de OVMs. A elaboração de estudos e *papers* sobre temas específicos é comum em tratados como o Protocolo de Cartagena, e busca aprofundar o debate sobre certos aspectos, a fim de orientar as Partes e a tomada de decisões.

Curiosamente, a ideia de reconhecer padrões do Protocolo de Cartagena na lista de recomendações aplicadas no âmbito do Acordo SPS parece equivocada por várias razões:

a. o Protocolo de Cartagena não é uma organização que cria padrões internacionais. As decisões do Protocolo vinculam as Partes que o ratificaram (não necessariamente todos os Membros da OMC), e servem de referência para a implementação de seus diferentes temas, não como um padrão internacional de referência;

25. Paragraph 21(h)(i), UNEP/CBD/BS/COP-MOP/6/9.

b. o Acordo SPS trata de medidas sanitárias e fitossanitárias aplicadas pelos países com o objetivo de proteger a vida e a saúde humana, animal e vegetal. O Protocolo tem seu escopo voltado para a conservação e o uso sustentável da biodiversidade, considerando possíveis riscos dos organismos vivos modificados para a saúde humana.
c. as três organizações reconhecidas pelo SPS – Organização Mundial de Saúde Animal – OIE, *Codex Alimentarius* e a Convenção Internacional de Proteção Vegetal (IPPC) criam padrões internacionais que podem ou não ser seguidos pelos países no estabelecimento de medidas sanitárias ou fitossanitárias. Esses padrões são reconhecidos de acordo com as regras do SPS, e os países podem utilizá-los ou não, desde que tenham evidências científicas para aplicar padrões mais estritos.

Caso o Protocolo fosse reconhecido pelo Acordo SPS como uma organização de referência, uma decisão adotada por suas Partes (note-se que nem todas as Partes do Protocolo são Membros da OMC) se tornaria referência internacional sobre o tema e, consequentemente, seria reconhecida como de acordo com as regras da OMC. Uma orientação (*guideline*) sobre análise de riscos adotada por uma Parte que criasse uma restrição questionável ao comércio sem evidências científicas cumpriria naturalmente o Acordo SPS, por exemplo.

A relação que temas do Protocolo podem ter com o enfoque ou princípio de precaução e, consequentemente, com a falta de evidências científicas ou a existência de mínimas evidências não cientificamente comprovadas para aplicar uma medida, geraria barreiras sanitárias em princípio questionáveis diante do Acordo SPS. Assumir que qualquer medida baseada em uma decisão do Protocolo de Cartagena dá suporte a uma medida sanitária é ampliar demasiadamente os conceitos do Acordo SPS, e até mesmo o escopo do Protocolo, quando seu foco é a biodiversidade, levando-se em conta saúde humana.

Isso abriria espaço para a adoção de restrições ao comércio sem justificativas científicas, sem que esse reconhecimento do Protocolo como organização de referência para o Acordo SPS signifique aprimorar sua implementação. As Partes devem adotar suas decisões e podem usar suas *guidelines* independentemente de uma relação formal com a OMC.

A proposta não foi adotada, mas sim uma referência à participação do Protocolo como observador no Comitê do Acordo SPS, o que faz sentido e é relevante. É intrigante ponderar que houve intensa pressão para que as Partes adotassem a proposta, o que tornaria qualquer decisão do Protocolo, e não de padrões internacionais ligados à proteção da vida e da saúde humana, animal e vegetal, automaticamente de acordo com a OMC.

Esse exemplo reflete a tensão entre MEAs e temas ambientais e as regras da OMC. É válido lembrar que essa relação com o Protocolo de Cartagena foi superficialmente analisada pelo Órgão de Solução de Controvérsias no caso *Comunidade Europeia – Produtos derivados da biotecnologia*. A União Europeia argumentou que suas medidas que causavam restrição ao comércio de produtos derivados da biotecnologia não poderiam ser analisadas somente à luz do Acordo SPS, mas "a correta interpretação do balanço de direitos e obrigações dos membros perante os Acordos da OMC, no caso o SPS, deveria ser feita juntamente com o Protocolo de Cartagena, a CDB e o princípio da precaução, o qual alegava constituir princípio de direito internacional geral. Esta visão encontraria apoio na decisão do caso *US- Gasoline*".[26]

É importante observar que o Protocolo prevê em seu artigo 2.4, que os países poderão adotar medidas mais protetivas para alcançar essa proteção da biodiversidade diante de possíveis riscos dos OVMs, desde que sejam consistentes com as obrigações do Protocolo e de outros tratados internacionais correlatos.

Por fim, vale destacar que as Partes começam a debater o que são considerações socioeconômicas causadas pelo uso, transporte, manipulação e danos causados por OVMs. Durante a MOP6 foi acordado que as Partes deverão aprofundar o assunto a fim de definir o que são possíveis impactos socioeconômicos antes de criar orientações sobre o tema. É um assunto que visivelmente deverá gerar conflitos no futuro.

VI – Desafios para a inserção do agronegócio brasileiro no exterior

Os casos acima ilustram a complexidade de discussões ambientais e suas possíveis interferências sobre o comércio internacional de produtos agrícolas e biocombustíveis. Essa agenda é naturalmente sensível, uma vez que o conceito de sustentabilidade é amplo e pode ser moldado de acordo com interesses que ora pesam mais para o lado ambiental, ora para o lado econômico ou para o lado social.

Na medida em que a demanda por sustentabilidade não é feita a todos os países, ou ao menos não recai sobre todos da mesma forma, o que é visível quando se fala do Brasil, e que é extremamente difícil um consenso sobre o que são práticas sustentáveis para a produção de biocombustíveis ou carne, por exemplo, a cobrança por padrões de sustentabilidade se torna muitas vezes restritiva ao comércio.

26. SILVA et al. *Comércio internacional e biotecnologia*: o caso EC-Biotech, São Paulo: Saraiva, 2009, p. 497.

A criação dos princípios e critérios é ponto importante quando se trata da transparência e do consenso sobre o que será exigido como sustentável. Iniciativas que criam seus padrões com a participação de vários *stakeholders* tendem a possuir mais legitimidade quando comparadas a casos unilaterais.

Um padrão que vise proteger a biodiversidade, criando áreas onde não se pode produzir (*no go areas*), por exemplo, pode além de entrar em choque com leis que disciplinam o uso da terra em um país, impor barreiras ao comércio, sem que essa medida seja necessária para proteger a biodiversidade. Além do mais, é fundamental que o país que adote uma medida exija os mesmos requisitos internamente.

O fato de as certificações e padrões privados não serem cobrados pelos países, mas sim por *stakeholders* (ONGs, bancos, consumidores etc.) é um argumento usualmente adotado para evitar relações com a OMC. No entanto, esse debate já começou nos comitês da Organização, que se obriga a discutir o assunto mais a fundo.

Quando se observa que um país, ou no caso a União Europeia, reconhecem 13 iniciativas de certificação como equivalentes aos seus requisitos, argumentar que as iniciativas são privadas e, por isso, não precisam respeitar as regras da OMC, torna-se questionável.

A capacidade do setor agropecuário e do governo brasileiro de questionar barreiras que considerem injustificadas torna-se cada vez mais necessária. A aplicação de critérios ambientais ganha cada vez mais força, o que é evidente quando se observa o debate sobre efeitos indiretos do uso da terra, e a tentativa de definir áreas de alto valor de biodiversidade.

Da mesma forma, a relevância de o setor agrícola e o governo participarem ativamente das negociações de MEAs como a CDB e o Protocolo de Cartagena se torna cada vez mais clara. Esses tratados possuem objetivos legítimos de conservar a biodiversidade e seus recursos, mas é visível que muitos países e outros atores que normalmente acompanham esses foros buscam criar amarras que podem trazer impactos para a agricultura brasileira.

Bibliografia

CONVENTION on Biological Diversity. *Analysis of information on standards relevant to the handling, transport, packaging and identification of living modified organisms.* UNEP/CBD/BS/COP-MOP/6/9. 24 July 2012.

CONVENTION on Biological Diversity. *Decision IX/2. Agricultural biodiversity: biofuels and biodiversity.* UNEP/CBD/COP/DEC/IX/2. 9 October 2008.

CONVENTION on Biological Diversity. *Decision X/37. Biofuels and biodiversity*. UNEP/CBD/COP/DEC/X/37. 29 October 2010.

CONVENTION on Biological Diversity. *Decision XI/27. Biofuels and BIodiversity*. UNEP/CBD/COP/11/35. p. 246-247, 2012.

CONVENTION on Biological Diversity. *Potential impacts of biofuels on biodiversity*. UNEP/CBD/COP/9/26. 24 April 2008.

COMISSÃO EUROPEIA. Diretiva 2009/28/EC do Parlamento Europeu e do Conselho. 23 abr. 2009. Disponível em: <http://eurlex.europa.eu/LexUriServ/LexUriServ.do?uri=OJ:L:2009:140:0016:0062:pt:PDF>.

_____. Diretiva 2009/30/EC do Parlamento Europeu e do Conselho. 23 abr. 2009. Disponível em: <http://eurlex.europa.eu/LexUriServ/LexUriServ.do?uri=OJ:L:2009:140:0088:0113:EN:PDF>.

_____. *Relatório da Comissão sobre as alterações indirectas da utilização dos solos relativas aos biocombustíveis e biolíquidos*. COM(2010) 811 final. Bruxelas. 22 dez. 2010.

ECOFYS. *Inventory of data sources and methodologies to help Economic Operators identify land status relating to EU sustainability criteria for biofuels and bioliquids*, 2011. Disponível em: <http://ec.europa.eu/energy/renewables/biofuels/doc/2011_bsc_inventory_of_data__sources_and_methodologies.pdf>.

ECOFYS/ÉCOLE POLYTECHNIQUE FEDERALE DE LAUSANNE/WWF INTERNATIONAL. *Low Indirect Impact Biofuel (LIIB) methodology*, July 2012. Disponível em: <http://rsb.org/pdfs/LIIBmethodology-Version0-July2012>.

EUROPEAN COMMISSION. *Impact Assessment Accompanying the document Proposal for a Directive of the European Parliament and of the Council amending Directive 98/70/EC relating to the quality of petrol and diesel fuels and amending Directive 2009/28/EC on the promotion of the use of energy from renewable sources*. SWD(2012) 343 final. Brussels, 17 out. 2012. Disponível em: <http://ec.europa.eu/energy/renewables/biofuels/doc/biofuels/swd_2012_0343_ia_en.pdf>.

LIMA, Rodrigo C. A. Comércio, meio ambiente e biodiversidade. *O Estado de S. Paulo*, de 6 out. 2010, p. B2.

_____. Proteção e protecionismo. *O Globo*, de 7 jul. 2009.

MINISTÉRIO DO MEIO AMBIENTE. Portaria Ministerial 9, de 23 de janeiro de 2007, da Comissão Nacional de Biodiversidade – CONABIO.

SILVA, Elaini C. G; LIMA, Rodrigo C. A; FILGUEIRAS, William. *Comércio internacional e biotecnologia*: o caso EC-Biotech. São Paulo: Saraiva, 2009. p. 493-518.

THE WORLD TRADE ORGANIZATION. *World Trade Report 2012:* trade and public policies: a closer look at non-tariff measures in the 21st century, 2012.

3

Medidas de garantia alimentar nos EUA: lições a partir dos casos da OMC

Andrew Shoyer, Dave Wharwood e Khosrow Kyanian

I – Introdução

Para produtores brasileiros que procuram exportar *commodities* agrícolas e produtos alimentícios para os Estados Unidos (EUA), o Acordo Constitutivo da Organização Mundial do Comércio (Acordo OMC) constitui talvez a garantia mais importante de acesso ao mercado e tratamento igualitário. O Acordo OMC protege exportadores brasileiros de tarifas alfandegárias ou quotas discriminatórias, abusos nos usos de medidas antidumping, medidas compensatórias e salvaguardas, e aplicações injustas de normas de produtos.

Neste artigo, analisamos como países exportadores usaram ferramentas disponíveis em um determinado acordo da OMC – Acordo da Aplicação de Medidas Sanitárias e Fitossanitárias (Acordo SPS) – para focar as condições injustas do mercado nos Estados Unidos.

O Acordo SPS impõe as regras básicas para a aplicação de medidas de segurança alimentícia e padrões de saúde para animais e plantas, aos bens importados. Como descrito na introdução do secretariado da OMC, o Acordo SPS procura assegurar que regulações rigorosas de saúde e segurança não podem ser utilizadas como motivos para proteger produtores domésticos. O Acordo SPS permite que Membros governamentais da OMC regulem os níveis de proteção à saúde e de segurança que pretendem alcançar. Os Membros podem adotar também padrões próprios (medidas SPS) para atender o nível de proteção, apesar de serem fortemente encorajados a usarem padrões definidos por entes internacionais, como o *Codex Alimentarius*. Em qualquer evento, devem assegurar que as medidas SPS são baseadas na ciência e em avaliação de risco. Quando não existirem evidências científicas suficientes, os Membros podem provisionalmente opor medidas SPS enquanto procuram completar a pesquisa científica para finalizar uma avaliação de risco adequada.

Como é o caso com todas as regras da OMC, o Acordo SPS está sujeito a soluções de controvérsias. Somente países-membros da OMC têm o direito de contestar as medidas SPS impostas por outro Membro em procedimentos da OMC de solução de conflitos, entretanto interessados privados estão quase sempre envolvidos nas disputas, peticionando para o seu governo tomar atitudes, providenciando apoio fatual no desenvolvimento das alegações legais, durante o litígio e na implementação na fase de disputa.

Disputas na OMC são iniciadas com o pedido do país-membro reclamante para consultar com o outro Membro que impõe as medidas em questão. Os Membros podem ter uma ou mais sessões de consulta, mas caso as preocupações do Membro reclamante não sejam satisfeitas em 60 dias, este terá direito de levar o pleito ao Painel de resolução de conflitos, tipicamente formado por três especialistas neutros de comércio. O Painel escuta os argumentos de ambos os lados, como qualquer outro Membro interessado, e determina uma decisão dentro de 12 a 15 meses, em conformidade com as regras do SPS. Qualquer parte, durante a disputa, tem o direito de apelar da decisão para um Órgão de Apelação, que decide dentro de 90 dias. Se as medidas SPS estiverem violando as regras SPS, o Membro terá que colocar as medidas em conformidade com as regras da OMC em um período de tempo razoável, geralmente 12 meses. Se não o fizer, o Membro reclamante pode procurar autorização para impor medidas de retaliação, enquanto as medidas SPS não estiverem em conformidade com as regras da organização.

De acordo com o secretariado da OMC, os países-membros da OMC iniciaram 40 casos questionando artigos do Acordo SPS até o fim de 2012 – cerca de 10% de todos os casos que foram iniciados na OMC desde 1995. Em particular, exportadores agrícolas têm usado procedimentos de resolução de conflitos da OMC para questionar medidas impostas pelos EUA. Na seção seguinte, vamos revisar sete disputas iniciadas contra medidas de segurança alimentícias dos EUA. Em algumas disputas, como as primeiras duas disputas revisadas, exportadores agrícolas iniciaram consultas com os EUA, mas não levaram suas alegações adiante. Em outras situações, como a disputa iniciada pela China em relação aos regulamentos americanos avícolas, o Membro reclamante levou suas alegações até o fim do litígio da OMC. Esses casos ilustram como as regulações americanas de importação agrícolas são impactadas significativamente pelas regras de comércio internacional, e como exportadores agrícolas podem usar estas regras no futuro.

II – Revisão de processo

Os sete casos revistos abaixo demonstram dois fatos importantes:

- O mercado dos EUA, como nenhum outro mercado no mundo, tem sido impactado pela interação entre o Acordo SPS e outro importante acordo da OMC em avaliação de produtos, o Acordo de Barreiras Técnicas no Comércio (Acordo TBT).
- As evidências no caso aviário iniciado pela China demonstram que exportadores agrícolas devem avaliar os casos cuidadosamente do início para verificar que problemas enfrentados no acesso ao mercado americano serão suscetíveis à aplicação efetiva, utilizando o Acordo SPS.

A. *Estados Unidos – medidas que afetam importações de produtos aviários (DS100)*

Em 18 de agosto de 1997, a Comunidade Europeia (CE) requereu consultas com os EUA em resposta à proibição de importação de todos os produtos aviários originados da CE depois de 20 de abril de 1997. O Departamento de Serviço de Inspeção de Segurança de Comida Agrícola dos EUA implementou medidas em resposta à proibição da CE sobre aves americanas, que vigorou a partir de abril de 1997. A CE considerou que a proibição foi uma violação do Acordo SPS, do Acordo Geral de Tarifas e Comércio (GATT 1994) e do Acordo TBT. A CE alegou que os Estados Unidos haviam violado os artigos 2, 3, 4, 5, 8 e Anexo C de Acordo SPS.

Por fim, a CE não insistiu em suas alegações contra os EUA na fase de consultas. Há poucas informações disponíveis que poderiam explicar porque a CE não perseguiu suas alegações. Entretanto, a disputa se desenvolveu durante outra disputa entre os EUA e a CE referente à proibição europeia de carnes específicas tratadas com hormônios. Ocorreu também em proximidade de uma alegação feita pelo Brasil contra a CE, pela incapacidade de implementar a taxa da alíquota em importações de produtos avícolas. A respeito desta última disputa, o Brasil requereu consultas com a CE em 24 de fevereiro de 1997, e em seguida requereu que o painel fosse estabelecido em 12 de junho de 1997. Na apelação determinou-se que as atitudes praticadas pela CE violavam o Acordo sobre Agricultura.

B. *Estados Unidos – certas medidas que afetam a importação de gado, suínos e grãos do Canadá (DS144)*

No dia 25 de setembro de 1998, o Canadá requereu consultas com os Estados Unidos referentes às condutas de diversos estados para barrar a entrada ou o trânsito de gado suíno e grãos do Canadá. A conduta dos EUA parece ter sido uma resposta aos métodos controversos de teste dos produtores canadenses, bem como uma oposição à vantagem competitiva estabelecida pelo depreciado dólar canadense. Devido ao impacto prejudicial do embargo americano nas importações canadenses, o Canadá alegou que as ações dos EUA eram inconsistentes com o GATT 1994, o Acordo TBT, além do Acordo SPS.

A respeito do Acordo SPS, o Canadá alegou que as restrições dos EUA nas importações de gado suíno e grãos estavam em desacordo com os artigos 2, 3, 4, 5, 6, 13 e seus Anexos B e C.

O uso do Órgão de Solução de Controvérsias da OMC pelos produtores canadenses parece ter tido muito sucesso. Os EUA retiraram suas restrições aproximadamente duas semanas após o Canadá protocolar o pedido de consultas.

C. *Estados Unidos – requisitos para rotulagem de determinados países de origem (COOL) (DS384/DS386)*

No dia 1.º de dezembro de 2008, o Canadá requereu consultas com os Estados Unidos referentes às diretrizes de rotulagem de origem (COOL) para carnes. De acordo com a Lei de Segurança da Fazenda e Investimentos Rurais de 2002 (Lei da Fazenda de 2002), a Lei de Alimentos, Conservação e Energia de 2008 (Lei da Fazenda de 2008) e uma carta emitida pelo secretário da agricultura ("Carta Vilsack"), tais regulações requeriam que os varejistas rotulassem determinados produtos com seus países de origem. No dia 17 de dezembro de 2008, o México também requereu consultas com os EUA referentes aos requisitos do COOL. Consequentemente, o Canadá e o México juntaram suas consultas, de acordo com o artigo 4.11 do Entendimento sobre Regras e Procedimentos de Solução de Controvérsias (ESC). Inicialmente as reclamações argumentavam que os EUA tinham violado suas obrigações previstas no Acordo SPS, no GATT 1994 e no Acordo TBT.

A consulta em conjunto ocorreu no dia 5 de junho de 2009, sem nenhuma resolução mútua satisfatória. Como resultado, Canadá e México requereram o estabelecimento de Painel respectivamente nos dias 7 e 9 de outubro de 2009. No dia 19 de novembro de 2009, um Painel singular foi estabelecido para avaliar as alegações.

1. *Relação entre o Acordo SPS e o Acordo TBT*

Em seus pedidos de consultas, Canadá e México basearam suas demandas "no Acordo TBT, ou alternativamente [...] no Acordo SPS". Fizeram isso para assegurar a presença de uma alegação válida. Primeiro, no artigo 1.5 do Acordo

TBT consta que as regras do TBT não serão aplicadas para medidas que estão sob o escopo do Acordo SPS. Segundo, conforme estabelecido no Anexo A do Acordo SPS, o escopo do acordo é determinado pelo objetivo da medida – o que esta visa realizar. Em disputas, os Painéis têm aplicado um teste objetivo para determinar o objetivo da medida, analisando a sua "arquitetura" e outros fatores. Os Painéis também têm levado em consideração os objetivos declarados do Membro. Canadá e México não estavam seguros no momento em que formularam os seus pedidos de consultas de que os EUA iriam procurar enquadrar os regulamentos do COOL como medidas SPS. Quando ficou evidente que os EUA não iriam caracterizar seus requisitos de rotulagem como medidas SPS, Canadá e México perseguiram suas alegações, *inter alia*, de acordo com o artigo 2 e 12 do Acordo TBT, em oposição aos artigos 2, 5 e 7 do Acordo SPS.

2. Conclusão

O Painel concluiu que os requisitos do COOL implementados pelos EUA eram regulações técnicas, portanto estavam em conformidade com o escopo do Acordo TBT. Consequentemente, o Painel deliberou que os Estados Unidos estavam violando os artigos 2.1, 2.2, 2.4, 12.1 e 12.4 do Acordo TBT, bem como o artigo X:3(a) do GATT 1994.

Os EUA apelaram da decisão do Painel no dia 23 de março de 2012. Durante a apelação, o Órgão de Apelação reverteu a decisão referente ao artigo 2.1 do Acordo TBT, concluindo que os Estados Unidos não estavam violando as provisões do acordo. Além desta, porém, o Órgão de Apelação não fez nenhuma outra mudança significativa para as conclusões do Painel.

3. Recomendação

Tanto o Painel quanto o Órgão de Apelação recomendaram que o Órgão de Solução de Controvérsias (OSC) pedisse aos EUA para trazerem os requisitos do COOL em conformidade com as obrigações dispostas no GATT 1994 e no Acordo TBT. Desde o início de 2013, os EUA estavam trabalhando em diversas opções legislativas e regulatórias a serem implementadas que caberiam dentro das restrições políticas atuais.

D. Estados Unidos – determinadas medidas que afetam importações de produtos avícolas da China (DS392)

O caso comumente conhecido como *US – Avícolas* é a principal fonte de jurisprudência focando em alegações de SPS contra os Estados Unidos e, portanto, traz grande conhecimento para exportadores brasileiro. Por conta disso, trazemos seus detalhes abaixo.

No dia 17 de abril de 2009, a China entrou com pedido de consulta contra os EUA referente à moratória efetiva sobre as importações de produtos avícolas chineses, imposta pela seção 727 da Lei de Diligência de Apropriação dos Estados Unidos de 2009. Esta seção proibiu os Serviços de Segurança e Inspeção Alimentícia (FSIS) de usar fundos do governo americano para facilitar as importações chinesas de produtos avícolas. Como resultado, o principal problema encontrado estava na concordância da seção 727 com os acordos SPS e o GATT 1994.

A China iniciou o procedimento de consulta com os Estado Unidos no dia 15 de maio de 2009. A subsequente falta de soluções mutuamente aceitáveis resultou na China requerendo a formação do Painel no dia 23 de junho de 2009.

1. *Jurisprudência referente às alegações SPS contra os Estados Unidos*

Com respeito ao Acordo SPS, a China acusou os Estados Unidos de violarem os artigos 2.2, 2.3, 5.1, 5.5, 5,6 e 8. Portanto, antes das alegações serem consideradas, o Painel endereçou a pergunta fundamental sobre se a seção 727 era uma medida sanitária e fitossanitária dentro do escopo do Acordo SPS.

(a) Escopo do Acordo SPS

Apesar de os EUA caracterizarem a seção 727 como uma medida orçamentária, a China argumentou que era de fato uma medida SPS de acordo com o disposto do artigo 1 do Acordo SPS. Em resposta, os EUA argumentaram que a China não tinha provado o seu ônus da prova.

O Painel decidiu em favor da China, apontando que a seção 727 era realmente uma medida SPS dentro do escopo do Acordo, devido ao fato de que os dois requisitos dispostos no artigo 1 estavam presentes. Primeiro, o Anexo A(1)(b) do Acordo SPS se encaixou na medida, já que a seção 727 foi utilizada como meio de proteger a população dos riscos à saúde advindos das importações de produtos avícolas chineses. Segundo, o artigo 1.1 foi preenchido, já que o Painel considerou que a seção 727 teria um impacto no comércio internacional.

(b) Artigos 2.2, 5.1 e 5.2 do Acordo SPS

A China alegou que a falta de evidência científica baseada na seção 727 estava contrária aos requerimentos do artigo 2.2. Adicionalmente, argumentou que a falta de avaliação de risco violava as obrigações dos Estados Unidos, de acordo com os artigos 5.1 e 5.2 do acordo. Os EUA contestaram que a seção 727 era um requerimento processual de uma revisão de equivalência. Subsequentemente, argumentaram que somente o artigo 4 do Acordo SPS era aplicável, e, portanto, os artigos 2.2, 5.1 e 5.2 eram irrelevantes ao processo.

O Painel rejeitou a defesa americana, mencionando que o artigo 4 não deveria ser lido sem contexto, ou usado como defesa contra as violações de outras provisões SPS. Além do mais, o Painel concluiu que a falta de avaliação de risco constituía uma inconsistência com os artigos 5.1 e 5.2, e a falta de evidências científicas referentes aos supostos efeitos prejudiciais à saúde causada pelo consumo de produtos avícolas da China estava em violação com o artigo 2.2.

(c) Artigo 5.5 do Acordo SPS

No ponto principal da alegação referente ao artigo 5.5, a China afirmou que a seção 727 causava impacto ao colocar o nível apropriado de proteção aos produtos avícolas chineses mais estritos que aqueles produtos provenientes de outros Membros da OMC, ou para produtos não avícolas vindos da China que continham os mesmos riscos de contaminação. A China argumentou ainda que a falta de evidência científica identificando riscos específicos associados às aves chinesas fazem o nível apropriado de proteção (*Appropriate Level of Protection* - ALOP) restrito, arbitrário e injustificável, violando assim o artigo 5.5 do Acordo SPS.

O Painel concluiu que as importações avícolas da China eram diferentes, porém comparáveis com as importações de aves de outros Membros da OMC. Além do mais, o Painel concluiu que os Estados Unidos tinham de fato aplicado um ALOP diferente para essas duas situações –ato que foi determinado como arbitrário e injustificável. Portanto, o Painel concluiu que a seção 727 violou o artigo 5.5 do Acordo SPS. Esta conclusão permitiu que o Painel evitasse uma comparação direta do ALOP de produtos avícolas chineses para produtos não avícolas.

(d) Artigos 2.3 do Acordo SPS

A China alegou que a seção 727 era uma violação ao artigo 2.3 do Acordo SPS, já que a possibilidade de outros Membros da OMC conseguirem a autorização dos Serviços de Segurança e Inspeção Alimentícia (FSIS) era arbitrária e injustificável. Os EUA argumentaram, entretanto, que a indústria chinesa de produtos avícolas não operava em condições idênticas ou similares àquelas dos outros Membros da OMC, e como resultado, não estava violando o artigo 2.3.

O Painel concordou com a China e adotou a racionalização do caso *Austrália - Salmão*. Nesse caso, o Painel concluiu que uma violação ao artigo 5.5 implicava necessariamente uma violação no artigo 2.3. Portanto, como o Painel encontrou inconsistências com os requerimentos do artigo 5.5, consequentemente verificou que a seção apresentava uma violação ao artigo 2.3 do Acordo SPS.

(e) Artigo 5.6 do Acordo SPS

A China afirmou que a seção 727 estava inconsistente com o artigo 5.6 porque os EUA poderiam ter usado outra alternativa - poderiam ter permitido que a China se sujeitasse ao processo de aprovação do FSIS - que era técnica e economicamente viável, menos restritiva ao comércio e que teria proporcionado um nível adequado de proteção sanitária. Em resposta, os EUA alegaram que o artigo 5.6 não se aplicava para o caso de equivalência de regimes. Ademais, os Estado Unidos recusou o argumento da China de que os procedimentos do FSIS eram menos restritivos ao comércio e que iria alcançar o ALOP.

Não obstante os argumentos apresentado por ambas as partes, o Painel recusou-se a decidir sobre as alegações. O Painel explicou que considerava que a conjuntura da quantidade de risco oferecido por aves chinesas e a especulação referente ao ALOP de uma nação estava além de sua competência.

(f) Artigo 8 do Acordo SPS

A China argumentou que a seção 727 violava o artigo 8 por não satisfazer as obrigações dispostas no Anexo C(1)(a), que requer que os Membros realizem quaisquer medidas de aprovação dentro de suas medidas SPS sem nenhum atraso injustificado. A China alegou que a seção 727 prolongava significativamente o processo da FSIS para exportadores chineses de aves. Por outro lado, os EUA contestaram que o artigo 8 não incluía determinações equivalentes, como os EUA caracterizavam a seção 727. Alegou, ainda, que a China não havia provado a existência de qualquer "atraso injustificável".

Rejeitando o posicionamento americano, o Painel definiu as determinações equivalentes do FSIS para importações de aves como um "procedimento de aprovação" dentro do Anexo C(1)(a) do Acordo SPS. Consequentemente, o Painel considerou que a seção 727 tinha agido como um catalisador para um atraso injustificável do processo do FSIS, notando-se que o atraso injustificável é aquele que inclui uma perda de tempo injustificável. O Painel considerou o argumento dos Estados Unidos de que o tempo era necessário e concluiu que a falta de evidências científicas supracitadas referentes aos riscos oferecidos à saúde por aves chinesas minava a justificativa americana. Por conseguinte, o Painel concluiu que a seção 727 implicava um atraso injustificável, violando os requisitos do Anexo C(1)(a). Portanto, a legislação violava o artigo 8 do Acordo SPS.

(g) Artigo XX(b) do GATT 1994

Uma das metas da jurisprudência da OMC é que um Membro da OMC assegure que suas medidas estejam de acordo com todas as regras aplicáveis da OMC. Assim, o Membro pode contestar uma medida de outro Membro dentro de mais de um acordo previsto pela OMC. Apesar de a China ter feito alegações bem-sucedidas dentro dos artigo I:1 e XI: 1 do GATT 1994, a discussão mais relevante nesse acordo, para o propósito deste artigo, envolve a defesa feita pelos EUA no Artigo XX(b), de uma das exceções gerais das regras do GATT. Isso se deve ao fato que a violação de um número de medidas SPS pela seção 727 provocou a necessidade de o Painel avaliar a relação entre o Acordo SPS e o GATT 1994 para verificar a validade da defesa dos EUA. A questão, posta sucintamente, era se o Painel tinha que interpretar a aplicabilidade do artigo XX(b) do GATT 1994 à luz do Acordo SPS.

Os EUA argumentaram que o Acordo SPS, apesar de estar relacionado com o artigo XX(b) em contexto, não era um texto legal que precisava ser considerado quando determinando a aplicabilidade das provisões do GATT 1994. Em contraste, a China argumentou que o Acordo SPS era fundamental para o artigo XX(b), então deveria ser levado em consideração.

O Painel concluiu que, por meio de uma análise de ambos os preâmbulos e provisões, o Acordo SPS servia para elaborar e explicar os requerimentos do artigo XX(b). O Painel especificou ainda que uma medida SPS que violasse os artigos 2 e 5 do Acordo SPS não poderia ser justificada dentro do artigo XX(b). Portanto, verificou-se que a seção 727 está em violação dos artigos 2.2, 2.3, 5.3, 5.2, e 5.5 do Acordo SPS, e não se justifica dentro do Artigo XX(b) do GATT 1994.

2. *Conclusão*

Em resumo, viu-se que a seção 727 não está em consonância com os artigos 2.2, 5.1, 5.2, 5.5 e 9 do Acordo SPS. Ademais, viu-se que viola os artigos I:1 e XI:1 do GATT 1994, e que as violações não poderiam ser justificadas com o disposto do Artigo XX(b) do GATT 1994.

3. Recomendações

A pressão causada pela disputa na OMC, em conjunto com pressão política interna, levou os EUA a permitirem que a seção 727 expirasse antes de o Painel emitir seu relatório final no dia 26 de julho de 2010. Nesse sentido, o Painel não recomendou que o Órgão de Solução de Controvérsias requeresse aos EUA trazer sua legislação em conformidade com os Acordos da OMC. Ademais, o Painel não aderiu ao pedido da China de fazer uma recomendação constatando que os EUA evitassem a utilização de linguagem similar com aquela encontrada na seção 727 em futuras legislações, devido à percepção de que ultrapassava os termos de referência.

E. Estados Unidos – medidas que afetam a produção e a venda de cigarros de cravo (DS406)

No dia 7 de abril de 2010, a Indonésia entrou com pedido de consultas contra os EUA referentes à seção 907(a)(1)(A) da Lei de Controle de Prevenção do Fumo de Tabaco de Família (FSPTCA), que tinha impacto na proibição de cigarros de cravo sem a proibição de outros tipos de cigarros, como os fundidos ou mesclados com mentol. A Indonésia consequentemente argumentou que a legislação era injustificável, injusta e inconsistente com o Acordo SPS, o GATT 1994 e o Acordo TBT.

A Indonésia consultou com os EUA no dia 9 de junho de 2010, entretanto não houve nenhuma solução mutuamente aceitável. Consequentemente, a Indonésia requereu a criação do Painel no dia 20 de julho de 2010.

1. Relação entre o Acordo SPS e o Acordo TBT

Apesar de a Indonésia incluir alegações dispostas nos artigos 2, 3, 5 e 7 do Acordo SPS em seu pedido de consultas, decidiu não levar essas demandas adiante no Painel. Em vez disso, o país optou em trazer as alegações dispostas nos artigos 2 e 12 do Acordo TBT. Desta maneira, classificou a seção 907(a)(1)(A) como uma regulação técnica regulada pelas regras do TBT, em vez de ser uma medida SPS destinada a alcançar objetivos domésticos de segurança e saúde. Aqui, novamente, bem como no caso da disputa US-COOL, é crítico durante a construção de caso perante a OMC escolher se a fundamentação será baseada no Acordo SPS ou no Acordo TBT.

2. Conclusão

O Painel declarou que a seção 907(a)(1)(A) era de fato uma "regulação técnica" e como resultado estava dentro do escopo do Acordo TBT. Ademais, o Painel também verificou que os cigarros de cravo e mentol eram produtos similares sob a ótica do acordo. Consequentemente, o Painel concluiu que a seção 907(a)(1)(A) era inconsistente com os artigos 2.1, 2.9.2 e 2.12 do Acordo TBT. Apesar disso, a Indonésia não cumpriu com seu ônus de prova a respeito da violação dos artigos 2.2, 2.5, 2.8, 2.9.3 e 12.3. Finalmente, o Painel se recusou a julgar o argumento da Indonésia referente ao artigo 2.10 do Acordo TBT ou no tocante do Artigo III:4 e XX(b) do GATT 1994.

Em resposta às conclusões, os EUA apelaram no dia 5 de janeiro de 2012. O Órgão de Apelação, apesar de discordar da definição do Painel de "produtos similares" e "tratamento não menos favorável", manteve a decisão deste.

3. Recomendações

Tanto o Painel como o Órgão de Apelação recomendaram que o OSC requeresse aos Estados Unidos trazerem a seção 907(a)(1)(A) de acordo com as obrigações dispostas no Acordo TBT.

F. Estados Unidos – medidas que afetam a importação de animais, carne e outros produtos animais da Argentina (DS447)

No dia 30 de agosto de 2012, a Argentina entrou com pedido de consultas contra os EUA referente a três medidas específicas. Primeiro, a Argentina argumentou que a proibição contínua dos EUA relativa à carne bovina não possui justificativa científica devido ao fato de que o *status* sanitário da Argentina é de zona livre de doença de pé e boca (FMD). Segundo, a Argentina considerou os requerimentos dentro da política do Serviço de Inspeção de Saúde de Animais e Plantas (APHIS) referentes à importação de animais e produtos animais, que reconhece como zona livre de FMD, injusta. Terceiro, a Argentina argumenta que os EUA causaram atrasos injustos no processo de aprovação nas condições de saúde da Argentina. A Argentina argumentou que essas medidas violavam o Acordo SPS, o GATT 1994 e o Acordo OMC.

No caso do Acordo SPS, a Argentina alegou que os EUA violaram os Artigos 1.1, 2.2, 2.3, 3.1, 3.3, 5.1, 5.2, 5.4, 5.6, 6.1, 6.2, 8. 10.1 e o Anexo C1. O número significativo de provisões que foram supostamente violadas destaca a complexidade das regras SPS e a grande variedade de medidas aplicadas contra exportadores restritivas e distorcivas ao comércio.

G. Estados Unidos – medidas que afetam a importação de limões frescos (DS448)

No dia 3 de setembro de 2012, a Argentina requereu consultas contra os EUA a respeito de diversas medidas tomadas para proibir as importações de limões frescos do noroeste da Argentina. Em complemento ao argumento de que falta justificativa científica para essa proibição, a Argentina também arguiu atrasos injustificados no processo de aprovação para importações de frutos e vegetais, bem como que tais atitudes por parte dos EUA violam não só o Acordo SPS, mas também o GATT 1994 e Acordo OMC.

Especificamente no que se refere ao Acordo SPS, a Argentina afirmou que as políticas americanas na importação de limões frescos do noroeste da Argentina estão violando os artigos 1.1, 2.2, 2.3, 3.1, 3.3, 5.1, 5.2, 5.4, 5.6 bem como o 7, Anexo B, 8, Anexo C, e o artigo 10.1.

III – Resumo e conclusão

Os procedimentos de solução de controvérsias da OMC contra os EUA no que se refere ao Acordo SPS demonstram como esse acordo tem sido aplicado em procedimentos de soluções de controvérsias e sua utilidade de confrontar restrições de importações dos Estados Unidos em questões de saúde

O *caso EUA - Avícolas* (China) é o caso mais importante analisando medidas americanas referentes ao Acordo SPS. O relatório do Painel demonstra um exame detalhado do Acordo SPS e sua aplicação no contexto da disputa, endereçando diversos elementos-chaves do acordo, incluindo: escopo; requerimentos dos artigos 2.2, 5.1 e 5.2 para avaliação de risco e evidência científica; equitativa aplicação do ALOP disposto no Artigo 5.5; relação entre o Artigo 5.5 e o Artigo 2.3 na proibição da medida discriminatória arbitrária e injustificada; proibição de atrasos injustificados disposto no Artigo 8; e relação entre o Acordo SPS e as "exceções gerais" de medidas relacionadas à saúde do Artigo XX(b) do GATT.

O procedimento também demonstra a diferença entre o Acordo SPS e o Acordo TBT e a importância de verificar qual acordo o Painel irá aplicar na disputa. O Acordo TBT expressamente exclui determinados tipos de alegações, designando-os para a consideração no Acordo SPS. No entanto, os dois acordos potencialmente cobrem os mesmo tipos de restrições ao comércio. Os Membros têm levantado os dois acordos, pelo menos no começo da disputa, para ajudá-los a assegurar que o seu pleito vá a Painel. Muitos dos procedimentos têm sido analisados dentro do Acordo TBT, que ressalta a importância de fazer pleitos alternativos ou paralelos dentro de dois acordos.

Os tipos de medidas sob análise nesses casos incluem os testes de procedimentos, requerimentos de rotulagem de país de origem, restrições de gastos e proibição de produtos. Assim, o Membro tem trazido uma variedade de restrições de importações dos EUA baseado em questões de saúde para a solução de controvérsias da OMC. Muitos desses pleitos permanecem sem julgamento do mérito, não chegaram ao Painel, ou foram endereçados como Acordo TBT. Não obstante, a respeito do Acordo SPS, o *caso EUA - Avícolas* (China), que analisou nominalmente medidas relacionadas a orçamentos, sugere que o Painel não pode fazer distinções formais ou restritas que excluam medidas do escopo do Acordo SPS.

As disputas discutidas acima trazem uma riqueza de informações e são um potencial guia para a aplicação do Acordo SPS ao tratar de regulações que afetam o mercado americano. Produtores agrícolas brasileiros que exportam bens para os Estados Unidos potencialmente sujeitos a restrições de importação em questões de saúde devem examinar esses procedimentos cuidadosamente.

4

O suco de laranja brasileiro e o caso Carbendazim nos Estados Unidos: quando ambos os lados saem perdendo

CHRISTIAN LOHBAUER E LARISSA POPP ABRAHÃO

I – O SETOR CITRÍCOLA BRASILEIRO

A laranja chegou ao Brasil com os portugueses, que a trouxeram da Ásia no século XVI. No Brasil, encontrou melhores condições climáticas e de solo para se desenvolver do que no seu local de origem. Apesar de ter-se adaptado a várias regiões do País, foi no Rio de Janeiro que surgiu o primeiro núcleo produtor da fruta que buscava suprir o consumo *in natura* dos centros urbanos de Rio de Janeiro e São Paulo. Entre as décadas de 1920 e de 1940 a produção nacional de laranjas decuplicou. Expandiu-se para o Vale do Paraíba e nos anos 1950 chegou ao interior de São Paulo, em regiões como os arredores de Araraquara, Matão e Bebedouro, onde encontrou condições ideais de desenvolvimento.

O aumento da produção superou a demanda interna da fruta, e a alternativa da industrialização tornou-se uma oportunidade. Em 1959 foi instalada a primeira fábrica de suco de laranja no Brasil, mas foram as geadas de 1962 na Flórida, nos Estados Unidos, que induziram os brasileiros a produzir suco e exportar para o maior produtor de laranja e suco de laranja do mundo até então. Em 1963 o Brasil exportou 5,5 mil toneladas de suco de laranja concentrado congelado. Quinze anos depois, em 1978, exportou 335 mil toneladas. De um universo de 17 milhões de árvores em 1963 chegou a quase 100 milhões de árvores em 1978.

Foi nos anos 1980, no entanto, que o Brasil tornou-se líder absoluto na produção da fruta e do suco. Geadas sucessivas na Flórida em 1981, 1983, 1985 e 1989 castigaram a produção norte-americana. Os impactos na produção dos

Estados Unidos garantiram a expansão da indústria brasileira. A citricultura, com tecnologia cada vez mais desenvolvida, e a indústria cada vez mais eficiente colocaram o Brasil na primeira posição mundial da produção de suco de laranja em 1984. A queda na produção da Flórida fez os preços da fruta e do suco atingirem níveis recordes, incentivando a expansão de área plantada e garantindo o aumento das exportações de suco, ao mesmo tempo em que provocou aumento do consumo da fruta no mercado interno. Hoje, a citricultura é uma das principais atividades econômicas de mais de 300 municípios do Estado de São Paulo e do Triângulo Mineiro, gerando mais de 200 mil empregos diretos e indiretos.

II – A PLATAFORMA EXPORTADORA DE SUCO DE LARANJA BRASILEIRO

O Brasil exporta 98% do suco de laranja que produz. Embora os brasileiros sejam apreciadores do suco de laranja, consomem o suco fresco em função da oferta abundante da fruta. O brasileiro consome aproximadamente 12 litros per capita/ano de suco de laranja, dos quais apenas um litro é de suco industrializado. No Brasil consome-se o suco que qualquer outro mercado sonharia consumir: o suco fresco produzido na hora para consumo, seja em restaurantes ou nos domicílios. Por essa razão, a indústria brasileira desenvolveu-se e viabilizou-se em torno de uma cadeia altamente eficiente e orientada aos mercados externos. Atualmente, cerca de 35% dos pomares que fornecem laranja para processamento pertencem às próprias indústrias processadoras e possuem altos níveis de produtividade. As principais fábricas processadoras somam atualmente 14 plantas e pertencem a três empresas que são responsáveis por mais de 90% do suco produzido e exportado pelo País. As três empresas, Citrosuco (que recentemente passou por um processo de fusão com a Citrovita – do Grupo Votorantim), a Sucocítrico Cutrale e a Louis Dreyfus Commodities, investiram e desenvolveram um sofisticado sistema logístico de exportação de suco a granel. De suas fábricas, caminhões-tanques transportam suco de laranja concentrado congelado (*Frozen Concentrate Orange Juice* – FCOJ) e suco refrigerado (*Not From Concentrate* – NFC) para tanques de estocagem (*tank farms*) ao porto de Santos, onde permanecem até serem bombeados para navios de transporte a granel. São dezenas de milhares de toneladas de suco de laranja transportadas por via marítima aos principais mercados consumidores. São os países desenvolvidos com alta renda per capita e hábitos de consumo favoráveis a sucos de frutas que consomem o suco exportado pelo Brasil. Nos Estados Unidos, União Europeia, Japão e Austrália, terminais portuários administrados pelas empresas brasileiras recebem o suco importado. Para outros mercados menores, como China, Coreia do Sul e Emirados Árabes, por exemplo, a exportação é feita em tambores. O suco exportado, seja concentrado ou não concentrado, é uma *commodity*, ou seja, não é exportado com marcas ou embalagens que serão compradas pelo consumidor.

Com exceção da década de 1980, os países da Europa ocidental sempre foram os principais importadores de suco brasileiro. Atualmente, a Europa –

compreendendo a União Europeia com seus 27 membros e a Suíça – responde por mais de 70% das importações de suco de laranja brasileiro, algo em torno de 1 milhão de toneladas de suco concentrado equivalente anuais.[1] Os Estados Unidos, por sua vez, são o maior consumidor de suco de laranja do mundo. Consomem praticamente todo o suco que produzem e ainda têm que importar cerca de 20% de seu consumo de vários países, com destaque para o Brasil, além de México, Costa Rica e outros pequenos produtores.

Em 2011 o consumo norte-americano de suco de laranja foi de 791 mil toneladas, aproximadamente 35% do consumo mundial. O Brasil é o maior exportador do mundo, com mais de 80% das exportações mundiais, sem dúvida o setor exportador brasileiro com maior *share* no mercado mundial. A participação dos norte-americanos como mercado consumidor das exportações brasileiras vem caindo desde a década de 1980 e chegou a 13% na safra 2011-2012. Ainda assim, representa parcela substancial das exportações brasileiras.

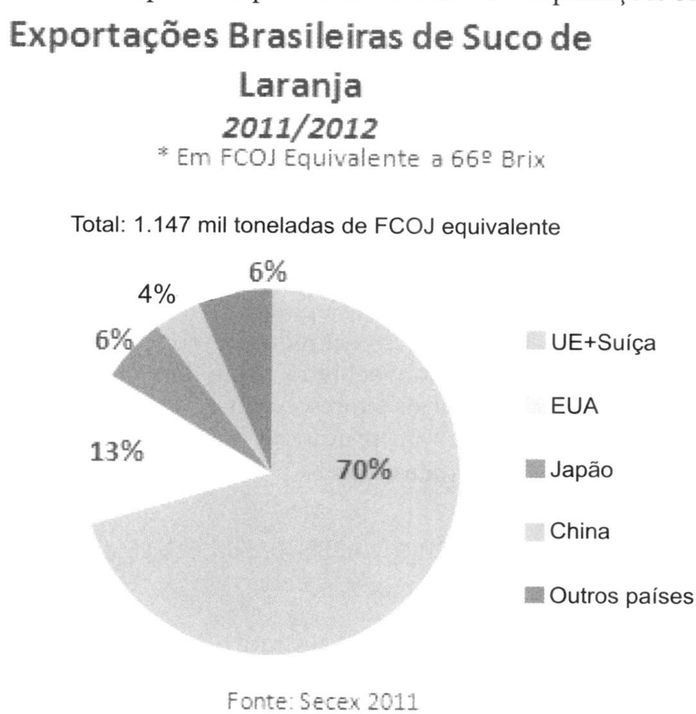

1. Suco de laranja concentrado e congelado equivalente é uma medida criada para evitar distorções nas estatísticas de volumes de suco de laranja exportados, uma vez que desde a década de 2000 as exportações de suco não concentrado vêm crescendo. Transformando o volume de suco não concentrado – que ocupa um volume seis vezes maior – em suco concentrado, pode-se avaliar o volume exportado considerando a quantidade de suco efetivamente consumido pelos mercados importadores.

Dadas as condições de queda do consumo mundial, o negócio da produção e exportação de suco de laranja brasileiro enfrenta hoje o desafio da ampliação de mercados. Apesar do crescimento do consumo nos países asiáticos, com destaque para a China, não existem grandes possibilidades de ampliação do mercado consumidor a curto ou médio prazo. Isso ocorre por duas razões: o alto preço do produto para o consumidor final e os diferentes hábitos de consumo. O suco de laranja é um produto caro para ser consumido em países em desenvolvimento, que ainda tem renda per capita baixa e índices de consumo em expansão. O mercado da China, por exemplo, apresenta crescimento lento. Quando os preços da tonelada de suco alcançam determinado nível, as empresas engarrafadoras cessam as importações, cientes da dificuldade que terão em repassar o suco engarrafado aos varejistas. Além disso, a tradição de consumir bebidas quentes, chás e sucos de fruta frescos (a China é a maior produtora de tangerinas do mundo e a segunda maior de laranjas) ainda faz do suco de laranja um produto para centros urbanos e para chineses com maior renda. Outros mercados, como a Rússia ou os países do Leste Europeu são consumidores de néctares e refrescos, isto é, de sucos recondicionados com água e açúcar e com porcentagem de suco de laranja menor do que 100%. Assim, a capacidade brasileira de expandir mercados mundo afora ainda é baixa.

O Brasil permaneceu praticamente toda a década de 2000 exportando o mesmo volume de suco de laranja para o mundo, um volume médio de 1,3 milhão de toneladas de suco concentrado equivalente. A queda de consumo verificada principalmente nos Estados Unidos garantiu o equilíbrio das exportações brasileiras, tanto pelo fato de a produção norte-americana ter caído quanto pelo mercado asiático ter consumido um pouco mais. Os custos de produção, no entanto, continuaram subindo – com destaque para os custos de mão de obra. Considerados outros fatores, como o "Custo Brasil" e o câmbio da moeda brasileira apreciado em relação ao dólar, entende-se a dramática queda de competitividade de toda a cadeia.

III – Antecedentes do episódio Carbendazim e a legislação para uso de defensivos

Desde a década de 1980, quando o Brasil se consolidou como grande produtor e exportador de laranja e suco de laranja, o número de doenças que afetam os pomares cresceu significativamente. Em consequência, cresceu a necessidade de aplicação de defensivos que protegessem as plantações e garantissem a sustentabilidade do setor a longo prazo.

Em 1977, ano em que foi criado o Fundo de Defesa da Citricultura – Fundecitrus[2] (mantido por produtores, indústrias e pelo governo do Estado de

2. Cf.: <www.fundecitrus.com.br>.

São Paulo), os citricultores e as indústrias processadoras tinham como principal ameaça o cancro cítrico. Em seguida, apareceram a CVC (clorose variegada dos citros) e a MSC (morte súbita dos citros). Com a atuação do Fundecitrus por meio de monitoramentos e pesquisas, tais doenças foram controladas, mas há outras doenças importantes que afetam os pomares, como a pinta preta, o bicho furão, a podridão floral dos citros, a "estrelinha" e o *greening*, esta mais recente e que representa o maior risco para os pomares, uma vez que os sintomas demoram a aparecer e exigem que o produtor erradique as árvores doentes, trazendo consequências econômicas muito negativas.

O Tiofanato-Metil e seu metabólito Carbendazim são fungicidas usados principalmente para controlar a pinta preta, doença presente no Estado de São Paulo desde 1992. Além disso, são utilizados para controlar a antracnose, a melanose, a podridão floral dos citros e outras doenças.

De acordo com o Fundecitrus, a pinta preta está atualmente dispersa ao longo do cinturão citrícola, com maior incidência na região centro-sul. O controle da doença é realizado com a aplicação de fungicidas protetores (cúpricos) e sistêmicos, sendo que os ativos são aplicados em rotação com outros ativos para evitar o desenvolvimento de resistência aos defensivos, prejudicando o controle da doença no médio prazo.

A utilização de defensivos para combater essas doenças, no entanto, deve seguir uma série de legislações. No caso do Brasil, há a lista *Agrofit*,[3] do Ministério da Agricultura, Pecuária e Desenvolvimento, com os produtos permitidos para uso em cada cultura.

Além disso, o setor citrícola possui uma lista específica, e mais restritiva que a lista *Agrofit*, visando atender os mais de 80 mercados para os quais o suco de laranja brasileiro é exportado.

Tal lista é elaborada pelo Comitê de Defensivos Agrícolas do Fundecitrus, formado por representantes da indústria e de diversas entidades setoriais e governamentais, e contém uma grade de ingredientes ativos de defensivos que estão autorizados para o uso na Produção Integrada dos Citros (PIC).

A lista, mais conhecida como "Lista PIC", é revisada periodicamente para incluir ou excluir defensivos, e é geralmente anexada aos contratos de compra de fruta pelas indústrias.

No entanto, mais importante que regulamentar o uso, é regulamentar a quantidade de resíduos de defensivos que podem aparecer nos produtos finais (suco concentrado e não concentrado) e nos subprodutos (óleos essenciais, por exemplo).

3. Disponível em: <http://extranet.agricultura.gov.br/agrofit_cons/principal_agrofit_cons>.

Por esse motivo, cada país possui uma legislação de resíduos de defensivos, indicando qual o nível máximo de resíduos (*maximum residue level* – MRL) que pode ser detectado em cada produto. Geralmente esses níveis são estabelecidos em trabalho conjunto que envolve os Ministérios da Saúde, da Agricultura e do Meio Ambiente de cada país. Assim, avaliam-se os riscos para o meio ambiente e para a vida humana, ao mesmo tempo em que se avaliam as necessidades dos produtores agrícolas. São realizados estudos, por exemplo, para identificar a exposição agregada a determinada substância – isto é, a que nível de exposição e contaminação os consumidores estão sujeitos, além da ingestão de alimentos e bebidas.

No caso do Brasil, a entidade que divulga os níveis máximos permitidos de resíduos é a Agência Nacional de Vigilância Sanitária (ANVISA), e no caso dos Estados Unidos a entidade responsável é a Food and Drug Administration (FDA).

Além de observar os limites de resíduos estabelecidos pela legislação brasileira, as indústrias brasileiras exportadoras devem observar os limites na legislação de cada país importador.

No âmbito multilateral, existe o *Codex Alimentarius*, uma coletânea de padrões, regras práticas, diretrizes e recomendações internacionalmente reconhecidas no que se refere a alimentos, produção de alimentos e segurança alimentar. O *Codex* é elaborado pela Comissão do *Codex Alimentarius*, um grupo criado pela Organização das Nações Unidas para Alimentação e Agricultura (FAO) e pela Organização Mundial da Saúde (WHO) e tem como objetivo a proteção da saúde humana e a garantia de práticas de comércio justas no âmbito global. Ele é reconhecido pela Organização Mundial do Comércio como um ponto de referência para a resolução de disputas referentes à segurança alimentar e à proteção do consumidor.

No entanto, o que se observa na prática é que as legislações internas de cada país nem sempre observam as recomendações do Codex, estabelecendo limites muitas vezes bastante inferiores ao recomendado, ou mesmo não estabelecendo limite algum, e proibindo que qualquer nível de resíduo seja detectado nos produtos importados.

IV – A LEGISLAÇÃO AMERICANA E O CASO CARBENDAZIM

Em 4 de janeiro de 2012, o presidente Obama promulgou o *FDA Food Safety and Modernization Act*, que dava ao FDA novas ferramentas e competências para fazer que os alimentos importados seguissem os mesmos padrões de segurança dos alimentos produzidos nos Estados Unidos.

Cientes da iminência da promulgação do *Modernization Act*, os importadores passaram a ter responsabilidade explícita de verificar se seus fornecedores estrangeiros possuem controles preventivos adequados para garantir que o alimento que produziram é seguro.

Em 28 de dezembro de 2011, uma engarrafadora americana realizou testes de rotina para detectar eventuais resíduos no suco de laranja. Quando os resultados demonstraram traços de Carbendazim, a empresa consultou a Agência de Controle de Alimentos dos Estados Unidos (FDA) sobre os níveis de tolerância para a substância.

O FDA informou à empresa que a tolerância para o Carbendazim havia expirado em junho de 2009 e que o Carbendazim encontrado no suco seria um pesticida ilegal sob o *Federal Food, Drug and Cosmetic Act*. Isso significa que desde 2009 não havia um nível de tolerância para o uso de Carbendazim em culturas cítricas nos Estados Unidos e, consequentemente, também não havia tolerância para produtos cítricos importados, incluindo o suco de laranja brasileiro. Antes disso, as autoridades americanas haviam estabelecido um limite máximo de resíduo de 500 partes por bilhão para o Carbendazim, o que significa que os produtores americanos utilizavam o produto em seus pomares e comercializavam o produto final tanto no mercado interno quanto para outros mercados.

É importante destacar que a ausência de tolerância para o uso da substância desde 2009 foi causada por uma demanda da Agência Americana de Proteção Ambiental (*Environment Protection Agency* – EPA), que resultou na falta de um registro para o Carbendazim em produtos cítricos. Produtores da Flórida vinham sendo pressionados pela EPA desde 2002 a não solicitar renovação de registro do produto, o que acabou ocorrendo em 2009.

A seção 408 do *Federal Food, Drug and Cosmetic Act*, que versa sobre tolerâncias e exceções para resíduos de pesticidas químicos, requer que seja estudada a exposição agregada (*aggregate exposure*) à qual os consumidores estão sujeitos ao longo de suas vidas, incluindo o período *in utero*. O estudo iniciado pela EPA e atualmente em andamento avalia não só a exposição a alimentos e bebidas, mas também a produtos não alimentícios. Embora a EPA reconheça que a exposição ao Carbendazim no suco de laranja ao longo da vida seja pequena, poderia ser a responsável por "transbordar o copo de riscos", pois aparentemente há uma exposição significativa ao Carbendazim presente em tintas para pintura. Ainda que o suco brasileiro represente no máximo um terço do consumo americano, o estudo considera que a totalidade do suco americano pode conter resíduos de Carbendazim. Enquanto o estudo não for concluído, em 2014, tanto a EPA quanto o FDA não aceitam tolerâncias para resíduos de Carbendazim em cítricos.

O Carbendazim e seu precursor, o Tiofanato-Metil, possuem MRLs autorizados pelos principais mercados importadores do suco de laranja brasileiro, como: União Europeia, com MRL de 200 ppb (partes por bilhão); Canadá, com MRL de 1.000 ppb; e Japão, com MRL de 3.000 ppb. No Brasil, o MRL é de 5.000 ppb e no *Codex Alimentarius* o limite é de 1.000 ppb. Na Austrália o limite era de 10.000 ppb, mas em seguida ao episódio Carbendazim foi cancelado.[4] Os resíduos encontrados no suco brasileiro foram bastante inferiores a esses limites, ao redor de 30 partes por bilhão. Foram intensas as discussões com representantes e autoridades de outros países para evitar que equívocos de comunicação gerassem outras medidas restritivas ao suco de laranja brasileiro.

Após receber a notificação da envasadora americana, o FDA informou em carta oficial à Juice Products Association (JPA) da Flórida no dia 9 de janeiro de 2012[5] que conduziria análises nos sucos importados e recusaria carregamentos cujas análises apresentassem resultados com mais de 10 ppb de Carbendazim, definido como o limite para a detecção. Ao mesmo tempo, informava que o suco de laranja era um produto 100% seguro para o consumo, uma vez que os resíduos encontrados não ofereciam perigo à saúde.

Dessa forma, a agência passou aos consumidores uma mensagem confusa, o que causou uma série de mal-entendidos: se o produto era totalmente seguro para o consumo, por que a entrada de novos carregamentos havia sido proibida? Se o suco importado no mês anterior continha resíduos, seria seguro comprar os produtos à venda nos supermercados?

O resultado foi que a notícia sobre a "contaminação de suco de laranja com pesticidas perigosos" espalhou-se rapidamente nos meios de comunicação e redes sociais. O programa de TV do Dr. Oz, conhecido médico americano que fala sobre saúde e nutrição, enfatizava a contaminação em rede nacional e alertava para que os consumidores não mais comprassem suco que em sua embalagem mencionasse matéria-prima brasileira.

V – A AÇÃO DA CITRUSBR

Como entidade que representa as principais indústrias produtoras e exportadoras de suco de laranja, a CitrusBR (Associação Nacional dos Exportadores de Sucos Cítricos) esteve à frente das negociações com as autoridades americanas.

Inicialmente, a abordagem foi no sentido de esclarecer que não houve por parte das empresas brasileiras qualquer tipo de intenção deliberada de violação à legislação americana. Nas últimas décadas, o suco de laranja brasileiro

4. Disponível em: <http://www.apvma.gov.au/products/review/docs/carbendazim.pdf>.
5. Disponível em: <http://www.fda.gov/Food/FoodSafety/Product-SpecificInformation/FruitsVegetablesJuices/ucm286302.htm>.

foi regularmente exportado aos Estados Unidos, sempre obedecendo rigorosamente às regulamentações e requisitos americanos. Os carregamentos sempre foram acompanhados da documentação requerida, contendo os resultados das análises conduzidas em amostras, que supostamente deveriam ser sistematicamente controladas pelas autoridades aduaneiras dos Estados Unidos.

A CitrusBR argumentou que o principal produto de exportação, o suco de laranja concentrado e congelado, não é um produto pronto para o consumo, sendo reconstituído com adição de água até atingir concentração semelhante ao do suco natural. O suco NFC (não concentrado), que é o suco pronto para beber, contém 6 vezes mais água que o concentrado, apresentando maior diluição e menor concentração de resíduos.

O produto que chega até os consumidores (após reconstituição a partir do concentrado), e o suco NFC não apresentam resíduos detectáveis de Carbendazim. Por esse motivo, as autoridades continuaram autorizando a entrada de suco NFC brasileiro em território americano.

O pedido da associação foi de que as análises fossem realizadas no produto final, e não no suco concentrado, pois este não seria consumido da forma como era importado. Foram utilizados como exemplos alguns precedentes de atuação do FDA considerando níveis de pesticidas ou metais pesados em produtos prontos para consumo e não nos concentrados – seja estabelecendo fatores de diluição seja limites diferentes para o produto concentrado e o não concentrado.

Em reunião com as autoridades americanas, a CitrusBR explicou que na safra 2010-2011, uma conjunção de fatores climáticos atípicos resultou em aparecimento da pinta preta e da podridão floral dos citros simultaneamente, o que é raro, exigindo aplicações do fungicida a intervalos menores. Por esse motivo, houve uma concentração um pouco maior dos resíduos no produto final, o que não aconteceu nos anos anteriores – quando os resíduos não eram detectáveis.

Além disso, as indústrias brasileiras argumentaram que a proibição de importação seria prejudicial não somente às indústrias brasileiras, mas também aos produtores norte-americanos, que dependem dessas importações para misturar ("blendar") o suco de laranja produzido na Flórida – que tem características organolépticas diferenciadas e quando misturado com o suco brasileiro atinge características que conferem ao produto qualidade superior. Nos últimos anos o mercado americano presenciou um forte declínio no consumo doméstico da bebida, o qual seria ainda maior caso os consumidores passassem a enxergar o suco de laranja como um produto que não é seguro. Por último, os consumidores norte-americanos também enfrentariam uma situação sem precedentes de não encontrar seu suco de laranja favorito disponível nas prateleiras.

Na época, foi realizado um estudo pelo Prof. Thomas J. Prusa,[6] da Rutgers University, mostrando os efeitos prejudiciais de uma interrupção nas importações de suco concentrado do Brasil. Entre eles, estavam o aumento dos preços para os consumidores e consequente queda na demanda, a escassez do produto em território americano, a queda na arrecadação de impostos pelo governo americano, os impactos sobre empregos no setor, especialmente na região da Flórida, entre outros. Tal estudo foi apresentado às autoridades americanas, pois mostrava claramente que uma interrupção nas importações afetaria não só o mercado brasileiro, mas também o mercado americano.

Em paralelo às negociações com as autoridades governamentais dos Estados Unidos, o comitê técnico da CitrusBR formou um grupo de trabalho com técnicos especializados e membros do Fundecitrus, para colher dados e avaliar os impactos de uma eventual interrupção abrupta no uso de Carbendazim nos pomares brasileiros. Foram estudadas alternativas e desenvolvido um programa de *phasing-out* para interromper o uso do Carbendazim nos pomares.

A primeira providência foi solicitar ao comitê de pesticidas do Programa de Produção Integrada de Citros que removesse o fungicida da lista PIC (lista de produção integrada de citros, que contém os pesticidas autorizados para uso em pomares de citros no Brasil). Considerando a situação de crise, foi convocada uma reunião extraordinária do grupo e o ativo foi prontamente excluído. A partir de então, os contratos entre indústria e produtores de frutas teriam a lista atualizada anexada, sem permissão para uso do Carbendazim. Para contratos em andamento, a indústria recomendou que o uso do Carbendazim fosse imediatamente interrompido.

Entretanto, considerando uma interrupção imediata no uso do Carbendazim/Tiofanato-Metil, ainda seria possível detectar resíduos até o final da safra 2012-2013, uma vez que fungicidas à base de Carbendazim poderiam ter sido aplicados na safra 2011-2012.

É importante lembrar que o Carbendazim é um ativo importante no controle de algumas doenças dos pomares, em especial a pinta preta e a podridão floral dos citros, esta última aparecendo nas áreas sul e sudeste do Estado, para onde a citricultura tem migrado. Ao proibir o uso do Carbendazim, as opções para controle da praga ficam restritas e podem causar o aparecimento de variedades resistentes da praga.

Após realizar consulta com as principais indústrias químicas fabricantes de defensivos, constatou-se que novos fungicidas para controlar a pinta preta não devem estar disponíveis no mercado nos próximos anos.

6. PRUSA, Thomas J. *Economic Impacts of a Ban on Imports of FCOJ and NFCOJ from Brazil*, Rutgers University, 2012.

Por esse motivo, a CitrusBR solicitou ao FDA que concedesse um *enforcement discretion*, ou seja, que permitisse uma exceção para a entrada do suco de laranja brasileiro em território americano, de acordo com determinadas condições, que poderiam incluir um limite de resíduos durante o período de adaptação nos pomares brasileiros, até junho de 2013.

Durante as discussões, entre janeiro e fevereiro de 2012, foram realizadas diversas reuniões com diferentes entidades das indústrias e os governos americano e brasileiro.

Nos Estados Unidos, a CitrusBR esteve reunida com o FDA (*Food and Drug Administration*), o EPA (*Environment Protection Agency*), o USDA (*United States Department of Agriculture*), com o representante de comércio (*United States Trade Representative* – USTR), do lado do governo, e com a JPA (*Juice Products Association*) e a FCPA (*Florida Citrus Processors Association*), do lado da indústria americana.

No caso do Brasil, os esforços envolveram a Embaixada Brasileira em Washington, o Ministério da Agricultura, Pecuária e Desenvolvimento, o Ministério das Relações Exteriores e o Ministério do Desenvolvimento, Indústria e Comércio.

VI – Deliberações das autoridades americanas e a percepção da indústria brasileira

Infelizmente a avaliação do FDA não levou em consideração os impactos econômicos sobre os produtores e consumidores americanos, tampouco o fato de o suco pronto para consumo não apresentar resíduos detectáveis de Carbendazim. Também não foi considerado que, embora o produto não apresentasse riscos à saúde, os consumidores entenderiam uma proibição às importações como um sinal de perigo e deixariam de consumi-lo, o que não só prejudica os engarrafadores e varejistas americanos, como estimula que os consumidores substituam um produto saudável por outras opções que não contêm nutrientes e vitaminas, como refrigerantes.

Após algumas semanas de reuniões, propostas, análises e negociações, em 16 de fevereiro de 2012 o FDA respondeu formalmente aos questionamentos das indústrias brasileiras, rejeitando os pedidos que haviam sido realizados.

Com relação ao pedido de análise dos produtos na forma em que seriam consumidos (*as consumed*), isto é, diluídos, o FDA declinou alegando que de acordo com a legislação americana os produtos deveriam ser analisados na forma em que são importados (*as imported*). Comentaram ainda que nos casos em que anteriormente haviam autorizado as análises em produtos conforme consumidos (ex.: Patulin no suco de maçã), tais substâncias não eram intencionalmente aplicadas nos produtos como o Carbendazim, pois estavam presentes no meio ambiente.

Durante as negociações, as empresas brasileiras mencionaram que o manual de pesticidas do FDA (*Pesticide Analysis Manual* - PAM) indicava que análises de resíduos de pesticidas em sucos concentrados deveriam ser realizadas no suco reconstituído. O entendimento do FDA, entretanto, foi de que as regras do manual se aplicam somente a pesticidas com tolerâncias de resíduos autorizados pela agência, ou seja, não se aplicam ao Carbendazim.

Finalmente, ao analisar o estudo realizado pelo Prof. Prusa sobre os impactos econômicos da interrupção nas importações para o mercado americano, a FDA concluiu que possíveis influências negativas sobre o mercado não podem afetar o mandato da agência, cujo objetivo é garantir que alimentos importados estejam livres de pesticidas químicos não autorizados. Adicionalmente, não poderiam abrir exceções, pois dessa forma estariam injustamente privilegiando as indústrias brasileiras em detrimento de outros fornecedores que tenham tomado as medidas cabíveis para fornecer alimentos totalmente compatíveis com a legislação.

Ao afirmar que o suco contendo resíduos de Carbendazim poderia ser considerado "produto adulterado" de acordo com a legislação americana, o FDA determinou que continuaria realizando análises nos carregamentos importados e que seriam aceitos somente carregamentos de suco com menos de 10 ppb, ou seja, que não fossem detectados nas análises realizadas pelo órgão.[7]

Em face dessa situação, as indústrias brasileiras ainda poderiam recorrer à Organização Mundial do Comércio (OMC), uma vez que os Estados Unidos são Membros, portanto assinaram e ratificaram o Acordo de Marraqueche, que tinha como anexos o GATT 1947 e todos os acordos entre 1947 e 1994, incluindo o Acordo sobre Medidas Sanitárias e Fitossanitárias (SPS), que estabelece regras para medidas relativas à saúde humana em matéria de alimentos e bebidas. Em linhas gerais, é permitido que os países-membros adotem padrões próprios, desde que realizem análise de riscos (*risk assessment*) e estejam baseados em evidências científicas. Considerando que o estudo de *risk assessment* realizado pela Agência Ambiental Americana está previsto para conclusão em 2014, o Brasil poderia solicitar a abertura de um Painel para avaliar a adoção de medidas mais restritivas que o *Codex Alimentarius*, sem base em evidências científicas e sem análise de risco concluída.

Outra argumentação que certamente seria acolhida na OMC é a de discriminação do produto adotada pelas autoridades americanas ao aprovar o suco de laranja brasileiro já internalizado com resíduos de até 80 ppb, ao mesmo tempo em que o suco ainda não internalizado seria aprovado somente se

7. Cf.: <http://www.fda.gov/Food/FoodSafety/Product-SpecificInformation/Fruits-VegetablesJuices/ucm287783.htm>.

houvesse resíduos menores que 10 ppb. Até hoje não se sabe o critério que determinou o MRL de 80 ppb para o suco internalizado.

Por questões estratégicas e pragmatismo, as indústrias brasileiras preferiram evitar disputas no âmbito da OMC e adaptar-se à situação temporária de não mais fornecer suco concentrado para o mercado americano, exportando apenas suco não concentrado até que fosse possível exportar suco concentrado sem resíduos de Carbendazim.

Em 26 de abril de 2012, o FDA determinou que para empresas que tivessem tido seus produtos analisados pela agência e que tivessem apresentado três resultados abaixo de 10 ppb, não seriam mais coletadas amostras do produto por parte do governo americano. A partir de então, as empresas enquadradas nesse caso passaram a realizar as amostras de maneira independente, e alguns carregamentos de suco concentrado foram autorizados a entrar em território americano. De qualquer forma, as exportações de suco de laranja brasileiro para os Estados Unidos foram bastante afetadas, até que fosse possível produzir suco livre de Carbendazim e retomar as exportações de suco concentrado, o que ocorreu a partir de julho de 2012, conforme o gráfico a seguir.

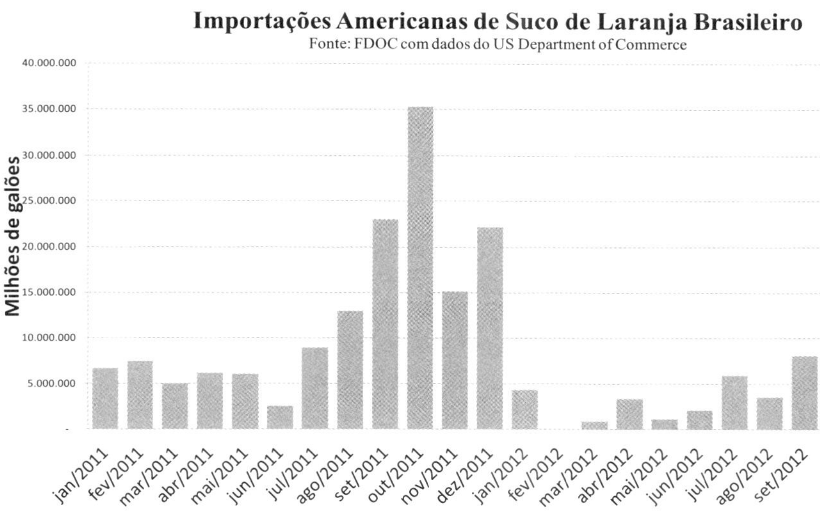

VII – Conclusões

Alguns analistas acreditaram que a decisão das autoridades americanas tenha sido protecionista, talvez pelo fato de que nos últimos anos houve uma disputa comercial entre Brasil e Estados Unidos, no âmbito da OMC, sobre o uso sistemático do "*zeroing*", metodologia utilizada pelas autoridades norte-americanas para calcular tarifas *antidumping* contra produtos estrangeiros.

O entendimento da CitrusBR e das indústrias brasileiras, no entanto, é de que a análise do governo americano foi estritamente jurídica, observando somente os aspectos legais e desconsiderando questões de mercado e impactos sobre a indústria e consumidores americanos.

O caso Carbendazim é mais um exemplo da importância crescente dos temas sanitários e fitossanitários na agenda do agronegócio brasileiro, sendo nítido que os futuros contenciosos envolvendo produtos agrícolas serão marcados por esse tipo de pauta. O que lhe confere singularidade é o fato de ser um emblemático caso em que os dois lados saíram perdendo.

Do lado americano, foram prejudicados o governo (que deixou de arrecadar impostos com as tarifas de importação e com os produtos finais), as indústrias ligadas ao setor de sucos (que sofreram com a falta de matéria-prima e com a queda na demanda devido à publicidade negativa), e principalmente os consumidores, que receberam informações confusas sobre a segurança do produto para consumo, e tiveram à sua disposição produtos de menor qualidade.

Do lado brasileiro, indústrias e produtores de laranja foram prejudicados. A conjuntura, que já não era favorável em função de uma conjunção de favores negativos, agravou-se ainda mais com a interrupção nas exportações do suco concentrado para os Estados Unidos. A grande safra colhida em 2012-2013 (maior do que o esperado, após a safra recorde de 2011-2012, com 428 milhões de caixas de laranja) somada aos altos estoques de suco e queda na demanda mundial criou uma situação de excesso de oferta de fruta que trouxe uma crise sem precedentes para o setor. Com a diminuição das exportações para os Estados Unidos, a crise se agravou.

O caso do suco de laranja brasileiro com Carbendazim deve ser entendido e estudado como uma referência típica de um jogo de prejuízo coletivo. Permanece a questão de como se pode evitar, com as regras e instituições existentes atualmente, que casos como esse se repitam.

Bibliografia

ASSOCIAÇÃO NACIONAL DOS EXPORTADORES DE SUCOS CÍTRICOS. *A indústria brasileira de suco de laranja*. CitrusBR/Apex-Brasil, 2011.

CITRUSBR. Disponível em: <www.citrusbr.com>. Acesso em: nov. 2012.

FAVA NEVES, Marcos (coord.). *O retrato da citricultura brasileira*. FEA/USP, 2010. Disponível em: <http://www.citrusbr.com/exportadores-citricos/biblioteca/estudos-da-cadeia-citricola-193712-1.asp>.

PRUSA, Thomas J. *Economic Impacts of a Ban on Imports of FCOJ and NFCOJ from Brazil*, Rutgers University, 2012.

5

Acesso ao mercado europeu de etanol

Géraldine Kutas

Introdução

A União Europeia (UE) foi por muitos anos um destino destacado das exportações brasileiras de etanol tradicional. Entretanto, a aprovação em 2003 de um mandato facultativo de incorporação de biocombustíveis, seguido em 2009 pela ratificação de duas diretivas visando promover a participação de fontes renováveis de energia no setor de transporte, aumentarão significativamente a demanda por etanol combustível e a atratividade do mercado europeu para as exportações brasileiras desse produto. Porém, várias barreiras, tarifárias e não tarifárias, restringem o acesso do etanol brasileiro à UE. As dúvidas sobre as credenciais verdes de alguns biocombustíveis introduzidas por certos grupos de pressão têm motivado as autoridades europeias a impor o cumprimento de critérios de sustentabilidade cada vez mais restritos. Além dessas exigências, o etanol brasileiro enfrenta barreiras tarifárias muito elevadas para acessar o mercado europeu. Este artigo analisa primeiramente as principais características do mercado europeu de etanol e seu marco regulatório. A seguir, as principais barreiras comerciais enfrentadas pelo etanol brasileiro são apresentadas. Finalmente, discutem-se as oportunidades potenciais e ameaças que podem afetar o futuro do comércio Brasil-UE de etanol.

1. O mercado europeu de etanol

a. *Visão geral do mercado*

O mercado europeu de biocombustível somou, em 2011, 13,6 milhões de toneladas equivalente de petróleo (tep). Esse mercado apresenta duas características principais que o distinguem fundamentalmente dos outros dois grandes polos de consumo de biocombustível que são o Brasil e os Estados Unidos. O primeiro elemento se refere à predominância do consumo de biodiesel no continente europeu, o qual lidera a produção mundial desse biocombustível. Conforme informa a publicação *Biofuels Barometer 2012*,[1] o etanol só representou 21% dos biocombustíveis consumidos no setor transporte europeu em 2011 (ou seja, 2,852 milhões de tep, equivalente a 5,6 bilhões de litros). A preponderância do biodiesel se explica pelo consumo elevado de diesel na UE – duas vezes maior que o consumo de gasolina devido à estrutura da frota europeia de veículos leves movida principalmente a diesel – acoplado ao déficit crescente desse combustível no continente europeu, problema que se encontra aliviado pelo consumo de biodiesel. Porém, em anos recentes, observamos que a taxa de crescimento do etanol é superior àquela do biodiesel devido à generalização da mistura de 10% de etanol na gasolina (E10) em vários países (Alemanha, França e Finlândia).

A segunda característica distintiva do mercado europeu de biocombustíveis em geral, e de etanol em particular, é a variedade de matérias-primas utilizadas na produção dos combustíveis renováveis. Setenta e cinco por cento da produção europeia de etanol é feita a base de grãos, principalmente trigo e milho. Outros cereais também são utilizados em escala menor, como a cevada e o centeio. E o etanol de beterraba representa aproximadamente 25% da produção.

Nos últimos sete anos, a produção total de etanol mais que dobrou, e o consumo de etanol combustível foi multiplicado por 8,5. Apesar do acréscimo significativo da produção, o mercado europeu apresenta um déficit estrutural de aproximadamente 1,5 bilhões de litros, sendo seus principais fornecedores o Brasil e os Estados Unidos. Esse déficit permanece apesar da capacidade produtiva instalada ter aumentado de 2,77 bilhões de litros em 2006 para 8,14 bilhões de litros em 2012, conforme informa a Associação Europeia dos Produtores de Etanol (ePURE). A indústria europeia de etanol enfrenta vários obstáculos no seu desenvolvimento, sendo que as variações dos preços internacionais dos grãos e a instabilidade do marco regulatório na UE constituem os principais fatores que afetam a competitividade do produto.

Apesar de que o uso como combustível domina o mercado europeu de etanol, este não se limita ao setor energético. Existe um mercado tradicional de álcool industrial e potável cuja demanda representa cerca de 30% do consumo total de etanol do bloco.

1. Biofuels Barometer – EurObserv'ER. *Systèmes solaires (Le Journal des Energies Renouvelables)*, n. 2010, juin 2012.

Gráfico 1: Evolução da produção e do consumo de etanol na UE

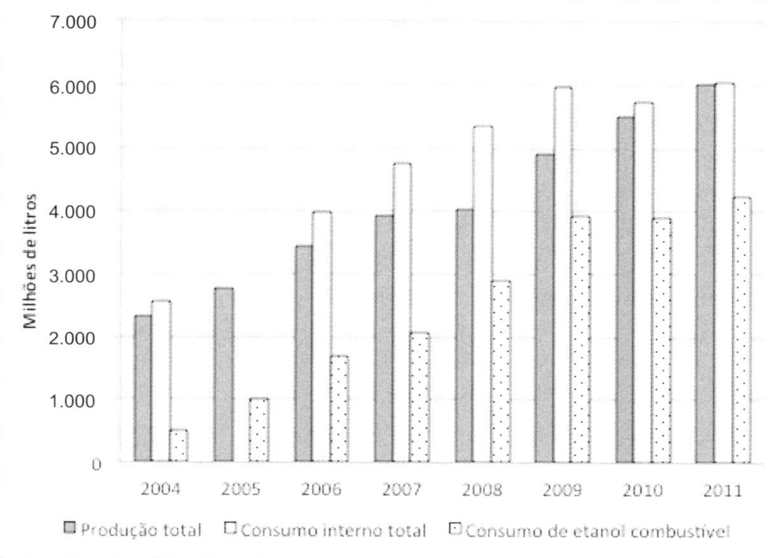

Fonte: Balanço de álcool etílico na UE-27 estabelecido nos termos do artigo 2.º do Regulamento (CE) 2336/2003, vários anos.

b. Marco regulatório de promoção dos biocombustíveis

As mudanças climáticas estão entre os principais desafios do século XXI. Em um esforço para enfrentar essa questão crítica, países e líderes de todo o mundo buscam soluções limpas e renováveis para a redução de gases que provocam o efeito estufa e a diminuição da dependência pelos combustíveis fósseis. O transporte, importante fonte de emissões desses gases, responde por mais de 20% das emissões em países desenvolvidos, sendo também o setor que mais cresce em termos de emissões. Espera-se um crescimento dramático dessas emissões, especialmente nos países em desenvolvimento, ao longo dos próximos 40 anos.

A UE é um dos lideres das discussões mundiais sobre a mitigação das mudanças climáticas. Nesse contexto, a política europeia de biocombustíveis é um dos elementos de um plano de ações mais abrangente, o qual visa a incentivar cada vez mais o uso das energias renováveis. O primeiro passo dessa estratégia europeia foi dado em 1997 com a publicação de um livro branco que fixava uma meta de consumo de 12% de energia renovável até o ano

2010.[2] Com a adoção da Diretiva EC 2003/30 em 2003, os Estados Membros da UE deram um passo adicional e se comprometeram a incorporar 2% de biocombustíveis aos seus mercados de combustíveis para o setor de transporte. Essa porcentagem seria elevada a 5,75% até o ano 2010. As metas estabelecidas nessa Diretiva eram de cumprimento facultativo. Porem os países-membros da UE deviam submeter para a Comissão Europeia um relatório anual indicando como que estavam implementando os objetivos fixados pela Diretiva ou como entendiam fazê-lo. Para promover o cultivo de matérias-primas dedicadas à produção de biocombustíveis, um novo pagamento de € 45 por hectare foi introduzido para os cultivos energéticos produzidos sobre terras retiradas da produção agrícola (*set aside land*). Essa medida foi eliminada em 2010, mas revela claramente que a legislação europeia de promoção dos biocombustíveis também entende ser uma política de apoio à agricultura europeia. Além disso, a Comissão Europeia autorizou seus Estados Membros a adotar medidas tributárias favoráveis aos biocombustíveis.

Essas três medidas relativamente minimalistas levaram a uma falta de harmonização das políticas estabelecidas pelos diferentes Estados Membros e a resultados bastante heterogêneos em termos de produção e consumo. Assim, em 2005, Alemanha e Suécia tinham superado a meta de 2% fixada pela Diretiva de 2003, quando sete países da UE não incorporavam nem um litro de biocombustível no seu setor de transporte.[3]

Para remediar essa situação e encontrar soluções eficazes para combater as mudanças climáticas, novas medidas de promoção dos biocombustíveis, tais como as metas de cumprimento obrigatório para o uso de energia renovável no setor de transporte europeu, foram introduzidas na legislação conhecida como o "Pacote Energia-Clima", adotado em dezembro de 2008. Duas Diretivas constituem o marco regulatório atual para os biocombustíveis na Europa.

i. A Diretiva Europeia de promoção das energias renováveis (RED) e a Diretiva Europeia sobre a qualidade dos combustíveis (FQD)

A Diretiva Europeia sobre a promoção das energias renováveis (2009/28/EC) obriga os países-membros a utilizarem, a partir de 2020, 20% de energias

2. EUROPEAN COMMISSION. Communication from the Commission. Energy for the future: renewable sources of energy. *White Paper for a Community Strategy and Action Plan*. COM (1997) 5999 final, 26 nov. 1997.
3. EUROPEAN COMMISSION. Communication from the Commission to the Council and the European Parliament. *Biofuels progress report. Report on the progress made in the use of biofuels and other renewable fuels in the Member States of the European Union*. COM (2006) 845 final, 10 jan. 2007.

renováveis, dos quais 10% deverão ser empregados no setor de transportes. Embora o texto não estabeleça quotas para tipos de energias renováveis específicas, espera-se que a grande maioria seja suprida por biocombustíveis. No final de 2010, os Estados Membros apresentaram seus planos de ações nacionais para as energias renováveis à Comissão Europeia, nos quais detalham a forma como pretendem atingir as metas definidas na RED. De acordo com os planos traçados, o consumo de etanol combustível deverá atingir pelo menos 14,2 bilhões de litros em 2020 no continente, o que significa que as vendas terão mais que duplicar na próxima década. Essa Diretiva também estabelece medidas para promover a produção e o consumo de biocombustíveis de segunda geração. Entre elas, é possível considerar a contribuição dos biocombustíveis produzidos a partir de resíduos, detritos, material celulósico não alimentar e material lignocelulósico como o dobro da contribuição dos outros biocombustíveis para demonstrar o cumprimento das obrigações nacionais de energias renováveis impostas aos operadores e da meta de 10% de utilização de energia proveniente de fontes renováveis. Essa medida é conhecida como *double-counting*.

Gráfico 2: Consumo de etanol projetado até 2020 na UE

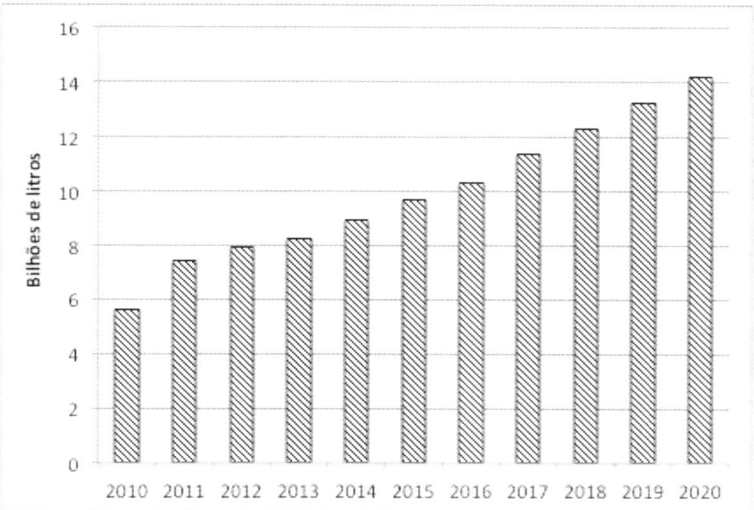

Fonte: Planos de ações nacionais para as energias renováveis publicados pelos Estados Membros da UE.

Uma segunda diretiva voltada para a qualidade dos combustíveis (98/70/EC), também votada no final de 2008, impõe uma redução de 6% nas emissões de gases de efeito estufa para os combustíveis fósseis. Esse aspecto da legislação europeia é um claro incentivo para o uso de biocombustíveis mais eficientes na redução das emissões desses gases, já que permitirão atingir a meta mais rapidamente. Essa Diretiva também eleva a porcentagem máxima de mistura de etanol na gasolina de 5 para 10%.

Em ambas as diretivas, está incluída uma lista idêntica de critérios de sustentabilidade que os biocombustíveis devem respeitar para poderem ser contabilizados nas metas da RED e da FQD. Os critérios de sustentabilidade visam a garantir que os biocombustíveis comercializados na UE deem uma verdadeira contribuição para a redução dos gases de efeito estufa comparados com os combustíveis fósseis, e que sua produção não prejudique a biodiversidade. Os três principais critérios são:

- redução mínima em 35% das emissões dos gases de efeito estufa até 2017, quando esse valor aumentará para 50% para as plantas industriais construídas antes dessa data e para 60% para aquelas instaladas posteriormente;
- proibição de utilizar matérias-primas para produzir biocombustíveis que provenham de áreas com importantes estoques de carbono (tais como florestas e pantanais) e de áreas ricas em biodiversidade (tais como florestas, áreas protegidas por motivos ambientais e pastagens ricas em biodiversidade);
- obrigação de informar sobre as práticas utilizadas para proteger a qualidade do solo, do ar e da água, e sobre a ratificação de vários convênios internacionais sobre a proteção do meio ambiente e da Organização Internacional do Trabalho (OIT) por parte de fornecedores de biocombustíveis extracomunitários.

Critérios relacionados aos efeitos indiretos das mudanças no uso da terra estão atualmente em discussão. O cumprimento dessas regras pode ser demonstrado de três formas diferentes:

- acordos bilaterais ou multilaterais celebrados entre a Comunidade e países terceiros, que contenham disposições sobre critérios de sustentabilidade que correspondam aos das Diretivas;
- esquemas voluntários nacionais ou internacionais que estabelecem normas para a produção de produtos de biomassa similares aos das Diretivas e que são reconhecidos pela Comissão Europeia;
- procedimentos estabelecidos para esse fim em cada um dos 27 Estados Membros.

Somente as duas primeiras opções permitem a aceitação dos biocombustíveis como sustentáveis nos países da UE como um todo. A terceira via envolve procedimentos diferentes em cada Estado Membro. Atualmente, a Comissão reconhece 13 esquemas voluntários, entre eles o BONSUCRO, esquema dedicado aos produtos derivados da cana de açúcar. É importante ressaltar que os Estados Membros são competentes para estabelecer as regras de implementação das duas Diretivas, mas não podem exigir critérios de sustentabilidade diferentes dos que são listados na RED e na FQD. Até hoje, não foi assinado nenhum acordo bilateral ou multilateral.

ii. Medidas de implementação nos principais Estados Membros

Ambas as Diretivas deviam de ser incorporadas em ordenamento jurídico nacional e entrar em vigor nos 27 Estados Membros da UE o mais tardar no final do ano 2010. Em meados de 2012, sete países ainda não tinham transposto integralmente os textos em legislação nacional. Vários Estados Membros não haviam publicado os decretos de aplicação e/ou não haviam designado a agência responsável pela compilação de dados referentes às metas de uso de energia renovável e de redução de gases do efeito estufa e pela verificação do cumprimento dos critérios de sustentabilidade. A Alemanha foi o primeiro país europeu a implementar as duas Diretivas, e esse Estado Membro provavelmente tem o sistema de implementação e controle mais sofisticado, com uma base de dados eletrônica integrada chamada NABISY (sistema para biomassa sustentável). Infelizmente, não está previsto desenvolver um sistema europeu integrado.

Apesar dos atrasos na aplicação plena dos dois textos, os relatórios anuais fornecidos pelos países europeus mostram que praticamente todos adotaram metas para o consumo de biocombustíveis. Porém, existem diferenças significativas entre os países. Alguns, como por exemplo Alemanha, Áustria e Suécia, já alcançaram suas metas para o período atual, enquanto outros estão ainda muito atrasados.

Tabela 1: Metas de incorporação de energia renovável no setor de transporte

Estado Membro	Estimativa da participação de energia renovável no setor de transporte			
	meta para 2010	meta para 2015	meta para 2020	% de etanol em 2020
Alemanha	7,3%	7%	13,2%	14%
Áustria	6,8%	7,7%	11,4%	9%
Bélgica	3,8%	5,8%	10,14%	10,2%
Bulgária	1,17%	4,4%	7,8%	20%

(continua)

(continuação)

Estado Membro	Estimativa da participação de energia renovável no setor de transporte			
	meta para 2010	meta para 2015	meta para 2020	% de etanol em 2020
Chipre	2,2%	3,1%	4,9%	38%
Dinamarca	1%	6,7%	10,1%	32%
Eslováquia	4,1%	6%	10%	36%
Eslovênia	2,6%	4,7%	10,5%	9%
Espanha	6%	9,3%	13,6%	10,3%
Estônia	0%	1,3%	2,7%	42,2%
Finlândia	6%	12%	20%	21%
França	6,5%	7,7%	10,5%	15%
Grécia	1,7%	6,3%	10,1%	65%
Hungria	3,7%	5,4%	10%	56%
Irlanda	2,7%	5,3%	10%	28%
Itália	3,5%	6,63%	10,14%	20%
Letônia	4%	4,6%	10%	21%
Lituânia	4%	7%	10%	20%
Luxemburgo	2,1%	3,8%	10%	10,2%
Malta	2,8%	4,2%	10,7%	42%
Países Baixos	4%	6,25%	10%	31%
Polônia	5,84%	7,73%	10,14%	22%
Portugal	5%	8%	10%	5%
Reino Unido	2,6%	6,2%	10,3%	39%
Rep. Tcheca	4,1%	7,1%	10,8%	18%
Romênia	5,82%	8,11%	10%	Sem informação
Suécia	7,4%	10,7%	13,8%	46%

Fonte: Planos de ações nacionais para as energias renováveis publicados pelos Estados Membros da UE.

A heterogeneidade de medidas de implementação entre os Estados Membros e a falta de um sistema de registro europeu integrado atrapalha o desenvolvimento de um verdadeiro mercado europeu dos biocombustíveis.

2. Principais barreiras comerciais à entrada do etanol brasileiro na União Europeia

a. *Evolução do comércio de etanol entre o Brasil e a União Europeia*

O Brasil tradicionalmente tem sido um dos maiores fornecedores de etanol para a UE. Porém, a partir de 2004-2005, as exportações brasileiras para o bloco começaram a aumentar significativamente devido ao aumento da demanda por etanol combustível alavancada pelas políticas públicas de promoção de combustíveis alternativos. O pico das vendas brasileiras foi atingido em 2008, quando as exportações do Brasil para Europa atingiram 1,66 bilhões de litros, ou seja, 75% das importações europeias de etanol. Nesse mesmo ano, a participação do etanol brasileiro chegou a representar praticamente um terço do mercado europeu.

Gráfico 3: Consumo e importação de etanol na UE

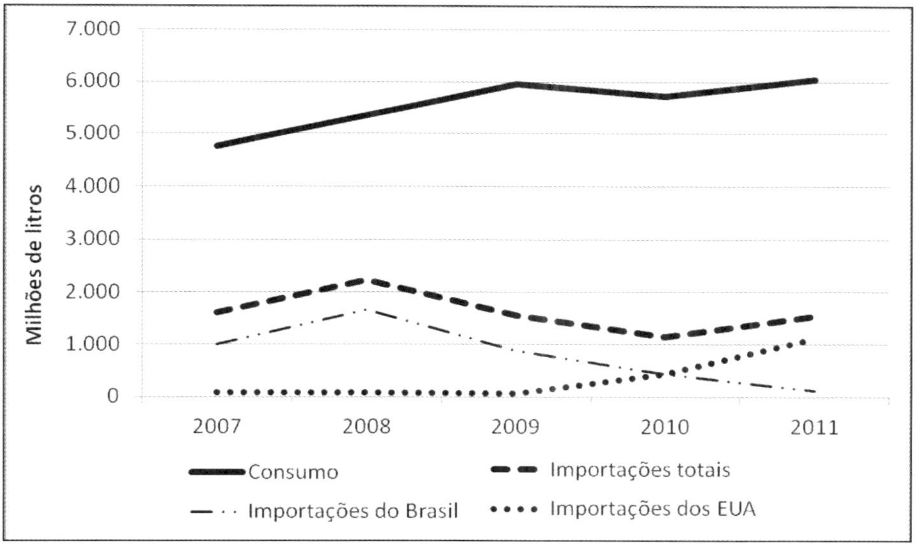

Fontes: Eurostat, Secex e USITC.

Após essa data, as vendas brasileiras para a Europa foram caindo em função da estagnação da produção doméstica e da disponibilidade limitada do produto para exportação. Em 2012, as vendas brasileiras para a UE alcançaram seu mais baixo nível desde 2001 (75,5 milhões de litros). Ao mesmo tempo, a participação no mercado europeu do etanol proveniente dos Estados Unidos aumentou significativamente, deslocando as vendas do produto brasileiro para outros países. As exportações americanas se tornaram bastante competitivas em função do crédito de impostos de US$ 0,45 por galão oferecido pelo governo americano ao etanol misturado com gasolina, combinado com uma tarifa de importação menor aplicada a esse tipo de mistura[4] por alguns Estados Membros da UE. Essas condições favoráveis já não prevalecem. O Congresso americano não renovou o crédito de imposto aplicado à mistura, e este expirou no dia 31 de dezembro de 2011. Alguns meses mais tarde, a Comissão Europeia alterou a nomenclatura aduaneira referente à mistura de etanol com gasolina.[5] As misturas de etanol com até 50% de gasolina passaram a ser definidas como "álcool desnaturado" (220710), não podendo ser importadas dentro da linha tarifária de produtos químicos (382490), como ocorria em alguns Estados Membros (Inglaterra, Holanda e Finlândia). A nova regulamentação permite a cobrança de uma tarifa de importação fixa de € 102,00/m^3 para o etanol misturado com até 50% de gasolina, proibindo a tarifa anterior de 6,5% paga pelos importadores em alguns países. Essa medida provocou uma queda das exportações americanas na segunda metade do ano 2012. Espera-se que essa tendência se acentue a partir de 2013 devido à decisão da UE de aplicar, durante cinco anos, uma taxa antidumping de € 62,3 por tonelada às importações de etanol provenientes dos Estados Unidos. A diminuição recente das importações combinada com o aumento da demanda têm possibilitado a abertura ou reabertura das duas usinas europeias de maior capacidade produtiva, ambas localizadas na Inglaterra. Ainda é cedo demais para avaliar as consequências das recentes decisões tomadas pela UE sobre as importações de etanol e sobre os fornecedores do bloco. Porém, no contexto de uma produção brasileira de cana que deveria voltar a crescer, existe a possibilidade de que essa nova situação abra, pontualmente, janelas de oportunidade para o Brasil exportar etanol para a UE.

b. Barreiras tarifárias

O mercado europeu de etanol sempre foi altamente protegido. A tarifa MFN[6] aplicada às importações de etanol não desnaturado[7] é de € 0,192 por litro, enquanto a tarifa aplicada ao etanol desnaturado[8] é de € 0,102 por litro. Essas tarifas se aplicam independentemente do uso final do produto (alimen-

4. Trata-se basicamente de uma mistura de 90% de etanol com 10% de gasolina (E90).
5. Regulamento de Execução UE 211/2012 da Comissão, de 12 de março de 2012.
6. MFN (Most Favoured Nation): Nação mais favorecida.
7. 22071000.
8. 22071000.

tar, combustível ou industrial). É interessante, ainda, ressaltar que o biodiesel se beneficia de uma tarifa de importação bem menor (6,5%).

Vários países, aliás, se beneficiam de um acesso preferencial ao mercado europeu de etanol. O etanol proveniente dos países do CARICOM,[9] dos países com os quais a UE tem acordos de parceria econômica interina, dos países e territórios de ultramar e de 17 outros países com os quais a UE tem acordos de comércio preferencial se beneficiam de um acesso livre permanente ao mercado europeu. Os países menos avançados (PMA) e os países que integram a lista de beneficiários do sistema generalizado de preferencias SPG+[10] também se beneficiam de uma tarifa zero para o etanol proveniente de seu território. Porém, essa medida é temporária, já que esses esquemas e/ou lista de países elegíveis é revisada periodicamente pela UE. Cabe destacar que o etanol está excluído da lista dos produtos que se beneficiam de uma redução de tarifa no sistema geral de preferências (SGP). E o Brasil não é beneficiário de nenhum desses esquemas.[11]

Apesar de o etanol brasileiro enfrentar outras barreiras, as taxas aduaneiras são o principal obstáculo à maior penetração do produto no mercado europeu.

c. *Principais barreiras não tarifárias*

Para poder ser comercializado no mercado europeu, o etanol, independentemente do lugar onde foi produzido, deve respeitar dois tipos principais de normas: normas técnicas e normas de sustentabilidade.

A regulamentação técnica que mais afeta o etanol brasileiro é a referente ao teor de água máximo permitido na Europa. Esse valor é de 0,24 Vol %. A norma europeia é muito mais exigente que a regra que prevalece no Brasil (0,4 Vol %[12]) e nos Estados Unidos (1 Vol %). Essa especificação obriga as usinas a retirarem as últimas moléculas de água do produto a ser enviado para a UE, já que há formação de água durante o transporte. Esse processo envolve na maioria dos casos a desidratação através de peneiras moleculares e encarece o custo de produção do etanol.

9. CARICOM: Comunidade do Caribe.
10. O sistema SPG+ é um regime especial de incentiva o desenvolvimento sustentável e a boa governança.
11. Para maiores informações sobre as tarifas de importação e outras regras vigentes na UE, consultar o site Export Helpdesk da EU: <http://exporthelp.europa.eu/>.
12. O Brasil não tem especificação sobre teor máximo de água, mas o valor calculado é da ordem de 0,4 Vol %.

Até hoje, os europeus se mostram inflexíveis quanto às possíveis mudanças da especificação relativa ao teor máximo de água. O baixo teor de água exigido na UE se deve à baixa concentração de etanol misturado à gasolina (~5 Vol %) e a um sistema de distribuição de gasolina úmido. A força-tarefa tripartite, composta por Brasil, Estados Unidos e UE, que publicou um livro branco sobre a compatibilidade das normas internacionais sobre biocombustíveis no final de 2007, identificou esse como sendo o elemento sobre o qual provavelmente existia mais desacordo entre as partes.

Em 2009, a UE também adotou uma série de critérios de sustentabilidade que todos os biocombustíveis comercializados no território europeu devem respeitar para poderem se beneficiar das políticas públicas de promoção aos biocombustíveis estabelecidas nos Estados Membros da UE (mandatos de mistura, redução ou eliminação de taxas etc.). Os critérios de sustentabilidade, descritos na primeira parte deste artigo, afetam as exportações brasileiras de etanol de diferentes formas. De modo geral, aportar as provas do atendimento aos padrões europeus pode resultar em questões mais complexas que o seu cumprimento. O sistema, o qual afeta principalmente as matérias-primas utilizadas para a produção de biocombustíveis, foi pensado para a agricultura europeia, e o tipo de prova requerido às vezes não se enquadra com a realidade de países terceiros, onde as mudanças na afetação das terras são muito mais dinâmicas e/ou o mapeamento e cadastro das atividades rurais é menos organizado que na UE. De fato, resulta mais fácil para os produtores europeus demonstrar que eles cumprem com alguns dos critérios de sustentabilidade exigidos, já que o respeito dessas normas também é exigido do produtor para que possa receber os subsídios da Política Agrícola Comum. Além disso, algumas ferramentas cujo uso é recomendado para provar o respeito aos critérios ambientais europeus, tais como imagens de satélite, estão amplamente disponíveis na Europa por um custo muito baixo, o qual não é necessariamente o caso em países terceiros, especialmente quando se trata de países em desenvolvimento.

Finalmente, a falta de harmonização das regras de implementação das Diretivas RED e FQD entre os 27 Estados Membros da UE reduz as opções que os países terceiros em geral, e os produtores brasileiros em particular, têm para demonstrar a sustentabilidade do etanol vendido na UE. A maioria dos produtores não sabe qual é o destino final do produto que vai exportar para a Europa. Dessa forma, não pode utilizar os procedimentos nacionais estabelecidos pelos Estados Membros, os quais requerem geralmente a auditoria do processo, mas não necessariamente a sua certificação, já que cada país tem exigências de implementação diferentes e não existem acordos de reconhecimento mútuo entre todos os Estados Membros. A única alternativa para o etanol brasileiro é de fato a certificação com um dos 13 esquemas reconhecidos pela UE. Em fevereiro de 2013, 26 usinas brasileiras tinham certificados BONSUCRO EU válidos para cerca de 2 bilhões de litros de etanol e 2,5 milhões de toneladas de açúcar. É interessante notar que, apesar da disponibilidade de um volume grande de produto certificado (o Brasil nunca chegou a exportar mais de 1,7 bilhões de litros de etanol para a UE), o Brasil exportou muito pouco etanol para a Europa nos dois últimos anos. Isso demonstra que a garantia da sustentabilidade do produto passou a ser uma condição necessária mas não suficiente para acessar o mercado europeu.

3. Futuros desafios e novas oportunidades

O futuro das condições de entrada do etanol brasileiro no mercado europeu apresenta desafios mas também potenciais oportunidades.

Do ponto de vista das barreiras tarifárias, é provável que o *status quo* se mantenha por vários anos ainda. A Comissão Europeia discute a redução de tarifas apenas no marco de negociações comerciais bilaterais ou multilaterais. Infelizmente, tanto a Rodada Doha como as negociações de um acordo de associação entre a UE e o Mercosul se encontram paralisadas há vários anos. Apesar de as discussões entre os dois blocos terem sido reativadas em 2010, nenhum passo concreto foi dado para trocar ofertas de eliminação de barreiras tarifárias. O fato de que a UE esteja abrindo negociações comerciais, ou já negociando com vários países, como por exemplo Índia, Tailândia, Filipinas e Estados Unidos, pode representar um verdadeiro desafio para o etanol brasileiro, já que países concorrentes vão ganhar condições de acesso mais favoráveis ao mercado europeu.

No que se refere ao marco regulatório europeu, a proposta de emenda às Diretivas RED e FQD, publicada pela Comissão Europeia em 17 de outubro de 2012 e atualmente em discussão no Parlamento Europeu e no Conselho, apresenta ameaças e oportunidades. O plano de limitar a comercialização de biocombustíveis feitos a partir de matérias-primas agrícolas, inclusive de caldo de cana, representa um grande risco para o etanol de cana brasileiro e para qualquer nova tecnologia para produzir combustíveis renováveis a partir de caldo de cana. Essa proposta, que não se embasa em argumentos científicos sólidos, pode reduzir drasticamente o mercado europeu de etanol e por consequência a participação do etanol brasileiro na matriz europeia de combustíveis. No entanto, o texto publicado pela Comissão Europeia também oferece oportunidades das quais o etanol brasileiro pode se beneficiar ao promover o uso de etanol de segunda geração e outros combustíveis renováveis produzidos a partir de biomassa que não é utilizada no setor de alimentos. O setor de cana de açúcar brasileiro possui uma ampla fonte de biomassa disponível – bagaço e palha –, e vários projetos de energia renovável que utilizam essa matéria-prima foram anunciados recentemente.

Finalmente, o uso do etanol não é restrito ao setor de transporte e existe um interesse crescente na Europa pelo uso de etanol no setor químico. As empresas do ramo vêm reclamando que as altas tarifas impostas à importação de etanol brasileiro impedem o desenvolvimento da produção de produtos bioquímicos na UE, afetando a criação de empregos e o crescimento econômico de empresas europeias. O etanol brasileiro é procurado pelos suas credencias ambientais e pelo seu preço competitivo. A bioeconomia e o crescimento verde são hoje umas das prioridades das autoridades europeias, que veem na inovação sustentável uma maneira de alavancar a Europa fora da crise econômica na qual se encontra imersa há vários anos. Tudo indica que a demanda do setor químico por etanol sustentável irá aumentar nos próximos anos.

4. Conclusão

O mercado europeu de etanol possui um potencial de crescimento elevado. Graças às suas excelentes credenciais ambientais e à sua competitividade, o etanol brasileiro poderia contribuir de forma significativa para os objetivos europeus de promoção das energias renováveis e decarbonização do setor de transporte. Porém, nos últimos anos, o desenvolvimento desse mercado foi bastante afetado pela instabilidade dos marcos regulatórios europeu e nacionais dos quais ele depende. As exigências europeias de sustentabilidade, que podem chegar a constituir barreiras ao comércio, se encontram em evolução permanente e se multiplicam, dificultando a leitura do mercado europeu a médio e longo prazo e o planejamento de potenciais exportações. Além disso, as barreiras tarifárias que o etanol brasileiro enfrenta seguem sendo o principal obstáculo para o seu ingresso na UE e não existem perspectivas de curto prazo de reduzir essas barreiras. Contudo, muitas empresas europeias já são cientes do benefício que o etanol brasileiro, seja como combustível, seja como matéria-prima para a indústria química, pode trazer para a Europa e se mostram muito interessadas no produto. Doravante, portanto, será preciso conscientizar os formuladores de políticas públicas europeus sobre esses benefícios, para que facilitem o acesso ao etanol brasileiro, contribuindo para o desenvolvimento da bioeconomia na Europa.

6

A carne de frango brasileira e as barreiras impostas pela União Europeia

Adriano Zerbini e Marilia Rangel

I – Introdução

O Brasil e a União Europeia são atualmente dois dos mais importantes produtores e consumidores de carne de frango do planeta. Além disso, possuem papel decisivo no comércio internacional desse produto. Segundo o *United States Department of Agriculture* (USDA),[1] o mundo produziu 80,7 milhões de toneladas de carne de frango em 2011. Desse total, entre 8,2 e 9,5 milhões de toneladas foram objeto de operações de importação e exportação entre diferentes países.

O Brasil é, desde 2004, o maior exportador de carne de frango do mundo e o terceiro maior produtor, atrás dos EUA e da China. Em 2011, foram 13,1 milhões de toneladas produzidas e 3,9 milhões de toneladas exportadas.[2] Já os 27 países-membros da União Europeia somados fazem do bloco o quarto maior produtor (9,3 toneladas em 2011) e o terceiro maior exportador (1,1 milhão de toneladas em 2011) de carne de frango.[3]

Ocorre que, ao contrário do Brasil, a União Europeia é também um grande importador de carne de frango, e a maior parte da carne de frango importada pelos países do bloco é de origem brasileira. Isso fez que o Brasil se tornasse um importante parceiro da Europa no fornecimento dessa proteína animal, e

1. Cf.: <http://www.fas.usda.gov/psdonline/psdquery.aspx>.
2. UBABEF/SECEX.
3. UBABEF/SECEX.

também que Europa se tornasse um importante parceiro do Brasil pelos significativos volumes que importa. Essa relação, porém, não tem sido construída sem seus contratempos. A carne de frango do Brasil, bem como a originada de outros países exportadores, tem tido seu acesso ao mercado europeu limitado por uma série de medidas adotadas pelo bloco desde 2005, das quais algumas serão objeto de análise deste artigo.

II – A União Europeia e o Brasil no mercado mundial de carne de frango

A indústria avícola brasileira se baseia em um sistema integrado de produtores e agroindústrias, na qual avicultores, em sua maioria pequenos e médios produtores rurais, constroem os aviários, recebem da indústria a ração, os medicamentos, os pintos de um dia e a orientação técnica para a criação das aves. De outro lado, a indústria garante a compra das aves para o posterior abate.

Esse modelo, trazido dos Estados Unidos na década de 1960, foi adaptado à realidade brasileira e se mostrou muito eficaz, tornando-se uma das principais razões para o sucesso da indústria avícola no País. Aliado ao modelo integrado, as condições naturais do Brasil de abundância de água, disponibilidade de terras aráveis e grande produção de grãos, tornaram o Brasil o terceiro maior produtor mundial de carne de frango.

A primeira experiência da indústria avícola brasileira no comércio exterior foi nos anos 1960, com o embarque de um contêiner com destino ao Oriente Médio. Desde então, o Brasil se consolidou como um importante exportador mundial de carne de frango, cuja receita já é uma das principais da pauta de exportação do País. Em 2011, as vendas de carne de frango a mais de 150 países somaram US$ 8,2 bilhões em divisas.[4]

Com preços competitivos e alta qualidade, a carne de frango produzida no Brasil passou a ser consumida também em mercados com as mais elevadas exigências técnicas e sanitárias, tais como a União Europeia.

A União Europeia sempre desempenhou um papel importante no mercado mundial de carne de aves, sendo um dos principais produtores e exportadores dessa proteína animal. A produção de carne de frango dos 27 países-membros da União Europeia atingiu, em 2011, 9,3 milhões de toneladas. Do total de carne de frango produzida pelo bloco nesse ano, cerca de 1,1 milhão de toneladas foram exportadas. Essas exportações dividem-se em dois prin-

4. AliceWeb/SECEX/MDIC.

cipais grupos: o primeiro é o de frango inteiro, que representou aproximadamente 258 mil toneladas.[5] Esse produto conta com subsídios à exportação, que em 2011 eram de € 32,5/100 kg.[6] Em 2011, as exportações subsidiadas de carne de frango para Arábia Saudita, Iêmen, Iraque, Angola, Bahrein, Líbano, Jordânia, Kuwait, Qatar e Omã somaram € 345 milhões. Além do valor pago pelos importadores, as empresas europeias receberam cerca de € 83 milhões em subsídios diretos à exportação de frangos inteiros, quase que integralmente destinados à França.

O segundo grupo de produtos exportados é o de cortes congelados de frango, principalmente de carne escura, como coxas, sobrecoxas e asas. Ocorre que existe uma preferência pelo consumo de peito de frango na Europa, em detrimento de outros cortes. Assim, o balanço entre oferta e demanda se dá pela importação de peito e exportação de outros cortes, como as pernas e as asas. Dessa forma, globalmente, a União Europeia é um exportador líquido de carne de frango, mas é um importador líquido de peito de frango.

Gráfico 1: Balanço do comércio de carne de frango na União Europeia

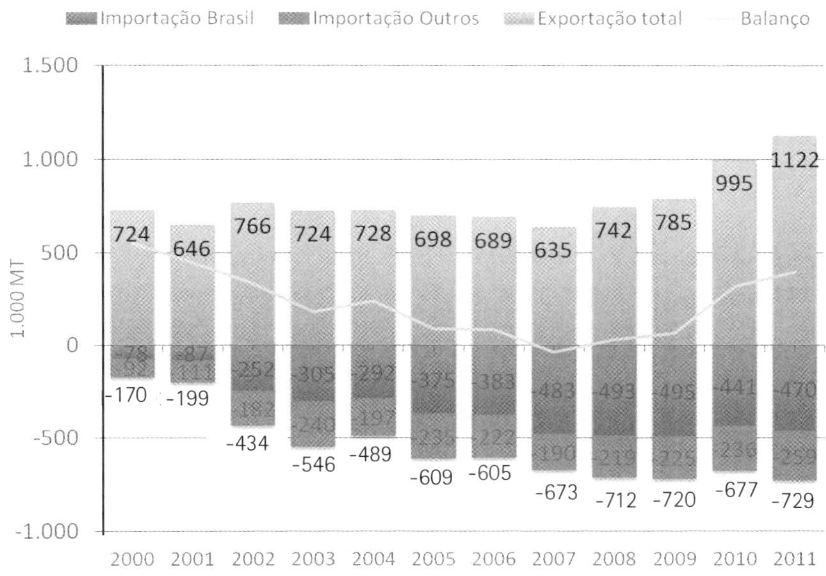

Fonte: Eurostat.

5. Dados extraídos de Eurostat Comext. Disponível em: <http://epp.eurostat.ec.europa.eu/newxtweb/mainxtnet.do>.
6. Comission Regulation (EC) 341/2012.

Conforme o Gráfico 1, em 2011, a União Europeia importou 729 mil toneladas de carne de frango, das quais 470 mil do Brasil. Assim, em 2011, o Brasil foi responsável por 64,4% da carne de frango importada pela Europa. Apesar dessa predominância da carne brasileira, esse volume representou apenas 5,7% do total de carne de frango consumida na Europa nesse ano. Apesar desse volume representar uma parcela pequena do total consumido no bloco, se analisarmos apenas o mercado de peito de frango, cujos dados são escassos, essa participação aumenta consideravelmente.

O Brasil exporta basicamente cinco tipos de produtos de carne de frango para a União Europeia: cortes *in natura* (principalmente peito), cortes salgados (principalmente peito), cortes de frango processados (principalmente peito), produtos cozidos e frango inteiro. Em sua quase totalidade, esses produtos seguem congelados para a Europa. Em grande parte, essa carne é destinada a processadores e cadeias de *food-service* europeias, que processam o produto antes que o mesmo chegue ao consumidor final.

Pelo Gráfico 1 observa-se que desde 2008 a União Europeia interrompeu o processo de crescimento das importações e tem conseguido, nos últimos anos, promover o crescimento de suas exportações. Dentro desse cenário, apesar da participação e penetração limitadas do frango importado no mercado europeu, foram tomadas uma série de medidas tarifárias e não tarifárias pela União Europeia que sinalizaram uma disposição em controlar os volumes de importação de carne de frango, assim como limitar o uso desses produtos. Trataremos de algumas dessas medidas a seguir.

III – O ARTIGO XXVIII DO GATT E AS RENEGOCIAÇÕES DE CONCESSÃO TARIFÁRIA NO ÂMBITO DA OMC – O CASO DA CARNE DE FRANGO

Em 2002, a União Europeia decidiu alterar a classificação do peito salgado de 0210.99.39 – cuja tarifa era de 15,4% – para 0207.14.10[7] – que tinha uma cota de 7.100[8] toneladas, tarifa extracota de 1.024 euros/toneladas, além de pagamento de salvaguarda especial. A adição de sal no peito de frango foi um artifício legítimo utilizado pela indústria para evitar o pagamento de uma tarifa altíssima, mas que foi vista pelos europeus como uma ameaça à indústria avícola local.

7. Council Regulation 1223/2002, OJL 179, 9 jul. 2002.
8. Essa cota foi resultado do Painel de Pagamentos e Subsídios a Produtores e Processadores de Oleaginosas, em 1993, que foi seguido de modificação de concessões, com aplicação do Artigo XXVIII em três produtos de aves, entre os quais estava o peito desossado congelado.

O Brasil solicitou consulta à União Europeia junto ao Órgão de Solução de Controvérsias em outubro de 2002, alegando que a reclassificação do peito com adição de sal acarretava em tratamento menos favorável que o previsto no cronograma da UE, o que contrariava o Artigo II do GATT 1994. Sem sucesso nos três meses de consultas, Brasil e Tailândia, outro importante exportador de carne de frango para a União Europeia, solicitaram a formação de um Painel em setembro de 2003, que teve Estados Unidos e China como terceiras partes. Durante o processo, a União Europeia insistiu na argumentação de que o produto em questão – cortes desossados de frango congelados com adição de sal de 1,2% a 3% – deveria estar coberto pelas concessões contidas na posição 0207 do Sistema Harmonizado (SH) e que, por se tratar de uma controvérsia relativa à classificação de mercadoria, deveria ser também levada para o âmbito da Organização Mundial de Aduanas (OMA).

A OMA analisou as diferentes classificações para determinar qual seria a mais adequada para o produto objeto do contencioso, mas a discordância entre as partes contratantes evitou uma decisão, fazendo o Painel deixar de considerar as comunicações da OMA sobre o caso. Após a análise dos argumentos das partes pelos membros do Painel e a interpretação do termo "salgado" à luz das regras de interpretação codificadas no Artigo 31 da Convenção de Viena sobre o Direito dos Tratados, a conclusão foi de que essa palavra tem como significado ordinário: temperar, adicionar sal, curar ou preservar e que, portanto, não há nada no escopo do significado da palavra que indique que o frango que tenha tido adição de sal não esteja coberto pela concessão contida no capítulo 0210 do cronograma da UE. Por isso, a recomendação do Painel foi de que o OSC solicitasse à UE que seus regulamentos estivessem em conformidade com os compromissos assumidos no GATT 1994.[9]

Em junho de 2005, a União Europeia recorreu ao Órgão de Apelação[10] para apontar possíveis erros nas conclusões apresentadas pelo painel, especialmente no que dizia respeito ao significado do termo "salgado". Entretanto, após a análise dos argumentos, o Órgão de Apelação concluiu que as medidas adotadas pela UE eram inconsistentes com o GATT 1994 e também recomendou que o OSC solicitasse ao bloco que fizesse as modificações necessárias para deixar suas regras em conformidade com seus compromissos, o que significaria retornar o produto à posição 0210 e, consequentemente, aplicar a tarifa *ad valorem* de 15,4%.

A União Europeia, porém, utilizou um artigo do antigo GATT, o qual foi mantido no acordo de 1994, para aumentar a tarifa, já consolidada, dos

9. WT/DS286/R.
10. WT DS/269/AB/R.

produtos classificados na posição 0210.99.39, ou seja, o produto que havia sido objeto do contencioso e que agora voltaria a pagar uma tarifa baixa quando importado. O Artigo XXVIII do GATT 1994, utilizado pela UE, é um exemplo clássico de mecanismo de escape (Milner e Rosendorff, 2001), pois permite que uma parte contratante, a qualquer momento, possa modificar ou retirar uma concessão, desde que sejam negociadas compensações com aquelas partes que têm interesse de fornecedor principal e que nessas negociações seja mantido um nível geral de concessões recíprocas e mutuamente vantajosas e não menos favoráveis ao comércio do que aquela existente antes das negociações.

Em caso de não se alcançar um consenso entre as partes negociadoras, a parte que estiver modificando/retirando suas concessões pode proceder com a introdução das novas tarifas, porém as outras partes podem também retirar concessões substancialmente equivalentes. As negociações do Artigo XXVIII entre União Europeia, Brasil e Tailândia duraram quase um ano e resultaram em cotas tarifárias para três produtos avícolas: cortes de frango salgados (CN 0210.99.39), preparações de frango cozido (CN 1602.32.19) e preparações de peru (CN 1602.31). Os volumes negociados, apesar de serem a maior cota já concedida pela CE, por serem baseados em volumes já exportados, não levam em conta o crescimento futuro das exportações desses produtos, e com as altas tarifas extracota estabelecidas, dificilmente poderão se expandir. A Tabela a seguir mostra o comparativo das tarifas e cotas antes e depois da compensação.

Tabela 1: Comparativo de tarifas e cotas antes e depois da compensação pela aplicação do Artigo XXVIII

Antes da implementação		Após a implementação		
	Tarifa	Intracota	Extracota	Cota (ton)
0210.99.00	15,4%	15,4%	€ 1300/ton	170.807
1602.32.00	10,9%	8%	€ 1024/ton	79.477
1602.31	8,5%	8,5%	€ 1024/ton	92.300

Fonte: Commission Regulation (EC) 616/2007.

As cotas concedidas seriam administradas por meio de licenças de importação emitidas pela União Europeia com base nos princípios de não discriminação, ou seja, qualquer importador poderia ter acesso a uma licença e importar do Brasil. Entretanto, o controle somente por parte da União Europeia poderia gerar dois problemas: sem o controle vinculado pelo exportador, um importador com uma licença, ou seja, cuja importação seria feita dentro da cota, poderia ocultar essa informação e exigir do exportador um desconto em função da tarifa extracota que ele supostamente teria de pagar; além disso, havia o risco de uma pulverização das licenças.

Com relação ao controle vinculado, a solução negociada foi a de um certificado de origem emitido por uma autoridade brasileira (que, nesse caso, é o Banco do Brasil), o qual contivesse, entre outras informações, o número da licença de importação. Sem o certificado de origem, o importador fica impossibilitado de gozar dos benefícios da tarifa intracota e nenhum certificado pode ser emitido sem um número válido de licença de importação. Já para a emissão não discriminatória de licenças, a União Europeia, com base no Regulamento (EC) 1301/2006, que estabelece as regras comuns para a administração de cotas tarifárias agrícolas administradas por licenças de importação, limitou a 5% o volume de licenças a serem solicitadas por importador, o qual deveria, no momento da aplicação, provar que havia importado ou exportado pelo menos 50 toneladas de produtos avícolas (fosse carne de aves *in natura*, preparações de carne de aves ou aves vivas) nos 12 meses anteriores à aplicação. Além disso, o importador deveria pagar um seguro de € 500 por tonelada de acordo com o volume refletido na licença, com o objetivo de evitar a não utilização.

Isso tudo, no entanto, não foi suficiente. O que se viu nos dez meses posteriores foi exatamente aquilo que se temia – inúmeras empresas europeias de importação que não tinham qualquer experiência ou relacionamento no setor avícola e que passaram a *negociar* suas licenças de importação com aquelas empresas tradicionais na importação de carne de aves. O resultado foi um grande prejuízo para os exportadores, que se viram obrigados a conceder descontos em seus preços em razão da alegação dos importadores de que teriam pagado mais de € 500,00 por uma licença.

Havia necessidade de maior controle por parte dos exportadores, e foi solicitada uma consulta à União Europeia, em 2008, a respeito da possibilidade de distribuição de parte das cotas com base no desempenho histórico das empresas brasileiras habilitadas a exportar para aquele mercado. Em princípio, a ideia foi rechaçada tanto por importadores como por processadores europeus, além, é claro, da UE, que via nesse pedido um instrumento discriminatório. Contudo, após o governo brasileiro apresentar suas razões, que argumentavam que a medida era necessária para manter o equilíbrio das exportações e salvaguardar os direitos das empresas exportadoras, evitando especulações por parte dos importadores, a Comissão aceitou que o Brasil introduzisse um sistema de controle de cotas com base no desempenho histórico.

Do total das cotas de carne de aves destinadas à União Europeia, 60% são distribuídas de acordo com o desempenho histórico da empresa nos três anos anteriores ao ano da cota, 30% são distribuídos pelo *first in, first out* (Fifo) e 10% são reservados aos entrantes do sistema, empresas que nunca tenham exportado para a União Europeia ou cujo desempenho não ultrapasse 50 toneladas. Ainda como resultado dessa consulta, a União Europeia informou ao Brasil de que iria aumentar o limite de licenças por aplicante de 5% para 10%, o que ajudaria a reduzir a especulação e o comércio de licenças.

Após quase seis anos das mais diversas negociações para resolver os impasses relativos à importação de frango salgado, cozido e carne de peru, o Brasil foi surpreendido, em junho de 2009,[11] somente sete meses após o acordo supracitado, pela notificação na OMC de um novo pedido de aplicação do Artigo XXVIII, dessa vez para modificação de concessões de oito linhas tarifárias de carne de aves, entre as quais estão produtos cuja importação total média de 2006-2008 foi de apenas uma tonelada. O Brasil reivindicou seus direitos negociadores, assim como a Tailândia, e o processo se arrastou por mais de dois anos e meio.

O primeiro grande obstáculo do Brasil eram os dados estatísticos. Por conta do nível de detalhamento da Nomenclatura Comum do Mercosul, todas as preparações de carne de frango eram classificadas sob a classificação NCM 1602.32.00, enquanto na União Europeia havia quatro CNs distintas para esses produtos. O primeiro passo foi solicitar ao governo brasileiro, por meio de proposta da União Brasileira de Avicultura, entidade que representa o setor, a alteração da NCM 1602.32.00 para contemplar o detalhamento.

O pedido foi feito em 2009 ao Ministério do Desenvolvimento, Indústria e Comércio Exterior, mas, pelas regras do Mercosul, qualquer alteração de NCM deve ser avaliada por todos os membros do bloco e, posteriormente, aprovada em reunião semestral, o que ocorreu somente em setembro de 2011,[12] passando, assim, de uma única NCM (1602.32.00) para quatro códigos específicos que refletem com maior detalhe os produtos exportados, são eles: 1602.32.10 – preparações de carne de galos e galinhas, com conteúdo de carne ou de miudezas superior a 57% em peso, não cozidas; 1602.32.20 – preparações de carne de galos e galinhas, com conteúdo de carne ou de miudezas superior ou igual a 57% em peso, cozidas; 1602.32.30 – preparações de carne de galos e galinhas, com conteúdo de carne ou miudezas superior ou igual a 25% e menor que 57%, em peso; e 1602.32.90 – outras preparações.

A primeira proposta apresentada pela União Europeia não levava em consideração o pedido feito pelo Brasil de interesse de negociador principal e foi feita uma oferta de cotas sem especificação geográfica, ou seja, seguindo o critério de Nação Mais Favorecida. Além disso, as compensações seriam

11. WT G/SECRET/32.
12. *DOU* 182, de 21.09.2011.

negociadas seguindo uma forma de cálculo única que considerava o período de 2006 a 2008, período esse que havia registrado queda nas importações de produtos de algumas linhas cujas concessões seriam renegociadas.

Obviamente, a proposta foi considerada absurda pelo setor privado e rechaçada pelo Itamaraty. A proposta alternativa apresentada foi de atribuição de cotas específicas para o Brasil e cálculo diferenciado para uma das três linhas que seriam renegociadas. Ademais, o Brasil solicitou a administração compartilhada das cotas de exportação, tal como já ocorria com as cotas implementadas em 2007.

As negociações se arrastaram até novembro de 2011 e foram concluídas com relativo sucesso, já que foram atribuídas cotas específicas ao Brasil, e o volume total resultante das cotas dos três produtos que tinha uma oferta inicial de 40 mil toneladas quase dobrou, chegando a 79 mil toneladas. A Tabela a seguir ilustra o resultado da negociação:

Tabela 2: Comparativo de tarifas e cotas antes e depois da compensação pela aplicação do Artigo XXVIII em 2009

Antes da implementação		Após a implementação		
	Tarifa	Intracota	Extracota	Cota (ton)
1602.32.10	€ 867/ton	€ 630/ton	€ 2765/ton	15.800
1602.32.30	10,9%	10,9%	€ 2765/ton	62.905
1602.32.90	10,9%	10,9%	€ 2765/ton	295

Fonte: Commission Regulation (UE) 1246/2012.

As novas cotas, que se esperava entrassem em vigor em julho de 2012, foram prorrogadas e entraram em vigor em março de 2013, após nova negociação com a União Europeia, que havia comunicado ao Brasil no início de dezembro que a implementação se daria em 1.º de janeiro de 2013, com emissão de licenças concomitante com o início da vigência, o que levaria a uma interrupção do fluxo comercial de mais de 30 dias, prejudicando tanto importadores quanto exportadores.

A grande vitória do Brasil nessa negociação foi da aceitação pela União Europeia de que as cotas deveriam ser administradas em conjunto por ambos os *players*. Isso foi fundamental para assegurar que haja a necessária correlação entre licenças de importação e certificados de origem, garantindo, assim como nas cotas implementadas em 2007, que os exportadores brasileiros realmente gozem do benefício advindo da tarifa intracota.

IV – O CASO DA CARNE FRESCA DE AVES: INFORMAÇÃO AO CONSUMIDOR OU BARREIRA TÉCNICA?

No dia 22 de abril de 2009, foi notificado pela Comissão Europeia[13] ao Comitê de Barreiras Técnicas ao Comércio (TBT) da Organização Mundial do Comércio (OMC) um projeto de emenda ao Regulamento (CE) 1234/2007, que define os padrões de comércio de alimentos nos países-membros da União Europeia, alterando algumas regras de comercialização de carne de frango na Europa.

Segundo a notificação, o projeto de emenda representava uma extensão da abrangência dos padrões de comercialização de carne fresca de aves e uma adaptação das regras existentes sobre esses produtos para que esses padrões abrangessem também as preparações de carne de aves.[14] Os objetivos da Comissão Europeia, conforme consta na notificação, eram de fornecer informação ao consumidor e aumentar a qualidade dos produtos, evitando diferença de tratamento entre carne fresca de aves e preparações de carne fresca de aves.

Este projeto de emenda alterava alguns padrões de comercialização de carne de frango por meio de sutis mudanças na definição de "carne fresca de aves", e a inclusão das definições de "preparações de carne de aves" e "preparações de carne fresca de aves", conforme segue abaixo:[15]

1) Redefinição de *"fresh poultrymeat"*, ou carne fresca de aves como "nunca endurecida por resfriamento antes de mantida entre -2°C e 4°C". Até então, "carne fresca de aves" era definida como "não endurecida por resfriamento, mantida entre -2°C e 4°C a qualquer momento".

2) Inclusão da definição de *"poultrymeat preparation"*, ou "preparação de carne de aves", no regulamento como "carne de frango que recebeu *foodstuffs*, temperos ou aditivos adicionados a ela ou tenha sofrido processos insuficientes para alterar a estrutura da fibra muscular da carne, eliminando as características de carne crua".

3) Inclusão da definição de *"fresh poultrymeat preparation"*, ou "preparação de carne fresca de aves", no regulamento como "preparação de carne fresca de frango segundo a definição de carne fresca" acima.

O problema para o exportador de carne de frango do Brasil e de outros países era que limitar a venda da carne previamente congelada e restringir seu uso

13. Notification G/TBT/N/EEC/267.
14. Notification G/TBT/N/EEC/267.
15. As definições acima são traduções livres da versão em inglês do Regulamento (EC) 1234/2007 e da proposta de emenda citada.

como insumo em preparações vendidas descongeladas representava, na prática, uma discriminação em relação à carne de frango importada. No caso do Brasil, a quase totalidade da carne de frango exportada à Europa segue em contêineres refrigerados à temperatura de -18°C, transportados em navios. A exportação de carne de frango que não fosse feita dessa forma inviabilizaria economicamente a operação. Diferentemente dos brasileiros, os produtores europeus, por estarem próximos aos processadores e demais clientes, tinham a opção de vender seus produtos resfriados, e o faziam, levando ampla vantagem sobre o produto brasileiro com as novas regras. Isso se daria das seguintes formas:

1) A redefinição de "carne fresca de aves" como a "nunca endurecida por resfriamento antes de mantida entre -2°C e 4°C" vedava a venda de carne congelada após o descongelamento, evitando a competição do frango importado com o frango resfriado europeu. Essa definição contrariava a definição de "carne fresca" do Regulamento Europeu 853/2004, que trata das questões de higiene e sanitárias de alimentos, segundo a qual carne fresca é "carne não submetida a qualquer processo de preservação que não a refrigeração, o congelamento ou o ultracongelamento, incluindo carne embalada a vácuo ou em atmosfera controlada".[16]

2) A inclusão da definição de *"fresh poultrymeat preparation"* no regulamento, como "uma preparação de carne fresca de frango segundo a definição de carne fresca de aves" não permitiria mais o uso de frango brasileiro que tenha sido congelado nas preparações de carne de frango vendidas descongeladas na Europa. Conjuntamente a essa definição, foi incluído na proposta de emenda ao regulamento que "as preparações de carne de frango devem ser vendidas de três maneiras: a) fresca, entre -2°C e 4°C, b) congeladas, entre -18°C e -12°C e c) ultracongeladas, abaixo de -18°C". Assim, uma preparação que tenha sido feita a partir de carne de frango que já tivesse sido congelada em algum momento, teria que ser vendida congelada.

No plano comercial, tais alterações indicavam que a Comissão Europeia, por meio desse regulamento, faria que a carne de frango importada fosse direcionada ao mercado de matéria-prima para produtos cozidos, cujos padrões de comercialização permitiam o uso de carne congelada de forma mais ampla. Assim, o produto importado teria pouco acesso ao mercado de carne crua de frango, temperada ou não, oferecida diretamente ao consumidor europeu. Essa oferta adviria principalmente dos produtores da Europa.

16. O Regulamento Europeu 823/2004, de 29 de abril de 2004, define "fresh meat means meat that has not undergone any preserving process other than chilling, freezing or quick-freezing, including meat that is vacuum-wrapped or wrapped in a controlled atmosphere". OJ L 139, 30.04.2004, p. 55.

A Notificação estipulava prazo de 60 dias para comentários.

Baseados nos argumentos expostos acima, em 19 de junho de 2009 o Brasil encaminhou à Comissão Europeia comentários a respeito da proposta de emenda ao regulamento,[17] alegando que buscar os objetivos propostos por meio das alterações dos padrões de comercialização traria excessivas restrições ao comércio internacional.

Segundo a posição brasileira, a nova definição proposta pelos europeus para o regulamento de comercialização de carne de frango era mais restritiva que as definições utilizadas por organismos internacionais, como o *Terrestrial Animal Health Code*[18] da Organização Mundial da Saúde Animal (OIE), e pelo próprio Regulamento Europeu 853/2004,[19] referente aos padrões sanitários e de higiene de produção de alimentos na Europa. Ambas as definições de "carne fresca" compreendem carne resfriada e carne congelada, e "preparações de carne" seriam feitas a partir da "carne fresca".

O Brasil questionava a Europa em relação aos fundamentos científicos para as alterações propostas, alegando que o produto importado sofreria discriminação *de facto* em relação ao produto produzido localmente, e sugeria que os objetivos de melhor informar o consumidor e de melhorar a qualidade dos produtos poderiam ser atingidos de maneiras menos restritivas ao comércio, por exemplo, informando na embalagem as matérias-primas utilizadas nos produtos vendidos, como "produzido com carne previamente congelada". Isso ampliaria ainda mais a possibilidade de escolha por parte do consumidor. Finalmente, o Brasil alegou que as restrições impostas pelo novo regulamento prejudicariam práticas de processamento industrial e armazenamento utilizadas na Europa e poderiam gerar problemas na cadeia de abastecimento de carne de frango.

A China, exportadora de carne de frango cozida, também questionou a proposta europeia apresentada no âmbito do TBT,[20] solicitando as bases técnicas e legais da inclusão da definição do termo "produtos de carne de aves" no

17. Disponível em: <http://ec.europa.eu/enterprise/tbt/tbt_repository/EEC267_EN_1.doc>.
18. O *Terrestrial Animal Health Code 2009* define "fresh meat" como "meat that has not been subjected to any treatment irreversibly modifying its organoleptic and physicochemical characteristics. This includes frozen meat, chilled meat, minced meat and mechanically recovered meat. Disponível em: <http://www.oie.int/eng/normes/Mcode/en_glossaire.htm#sous-chapitre-2>.
19. Ver nota de rodapé 9 do artigo 1.
20. Disponível em: <http://ec.europa.eu/enterprise/tbt/tbt_repository/EEC267_EN_2.doc>.

regulamento, já que esse termo compreende a carne de frango cozida, alegando que mais um regulamento técnico traria custos adicionais ao exportador.

No dia 2 de agosto de 2009, a União Europeia respondeu ao Brasil,[21] alegando que a alteração do regulamento era na realidade uma ampliação do texto já existente para novas situações de mercado, já que as preparações de carne de frango eram vistas pelo consumidor simplesmente como carne de frango, e deveriam ser tratadas da mesma forma. Segundo a UE, a expectativa do consumidor era de que uma carne vendida resfriada nunca havia sido congelada, e que uma preparação de carne de frango resfriada não teria como matéria-prima carne de frango congelada.

A Europa alegou ainda que o Regulamento (CE) 1234/2007 já proibia a venda de carne descongelada, mas que estava sendo mal interpretado, e que o novo texto corrigiria essa interpretação equivocada. Em relação à não conformidade entre as definições propostas e aquelas contidas nos textos dos organismos internacionais e no próprio regulamento europeu que define os critérios sanitários e de higiene dos alimentos, a Europa alegou que sanidade e higiene não são a mesma coisa que comercialização, e que as definições de "carne fresca" não necessariamente coincidiria entre eles. Segundo os europeus, a definição de "carne fresca de aves" proposta na emenda de regulamento de comercialização era apenas mais restritiva que a definição de "carne fresca" do regulamento sanitário da própria Europa.

Finalmente, a Europa argumentou que as definições não seriam discriminatórias contra a carne de frango importada, pois se aplicariam também ao produto produzido localmente. Segundo os europeus, a sugestão brasileira de informar na embalagem dos produtos sobre o congelamento prévio seria "um retrocesso em termos de qualidade e de informação ao consumidor".

Em suas respostas aos questionamentos da China, a União Europeia afirmou não haver nenhum novo requisito técnico a respeito dos "produtos de carne de aves", mas sim apenas a introdução desse termo no regulamento de comercialização, sem prejuízo da forma como esse produto era comercializado até então.

Do lado do exportador brasileiro de carne de aves, as respostas europeias não foram suficientes para informar se houve ou não fundamento científico baseando a alteração do Regulamento, nem foi informado pela Europa se as conclusões a respeito das "expectativas dos consumidores" haviam sido fruto de pesquisas ou consultas aos mesmos. Não ficou clara a razão pela qual a Europa aplicaria as novas definições apenas para as carnes de aves, e não

21. Disponível em: <http://ec.europa.eu/enterprise/tbt/tbt_repository/EEC267_EN_4.pdf>.

para outras carnes, como as de bovinos e suínos. Por razões sanitárias, a União Europeia não permite a importação de carne suína, e o acesso da carne bovina dos principais países produtores ao mercado europeu é limitado por cotas tarifárias muito pequenas. Questiona-se se o fato do mercado europeu de carnes suínas e bovinas ser dominado pela indústria local não estaria ligado ao fato de a Europa ter instituído um regulamento que dificulta a venda e o uso de carne congelada apenas para as aves, setor em que a participação da carne importada é consideravelmente mais relevante.

Nos dias 19 e 20 de outubro de 2009, na sua 2966.ª reunião, o Conselho da União Europeia adotou a proposta de emenda ao Regulamento Europeu 1234/2007,[22] no que se refere aos padrões de comercialização de carne de aves. Porém, o Reino Unido votou contra a adoção dessa proposta,[23] afirmando que tais medidas teriam um impacto negativo de cerca de € 150 milhões anuais de receita, e que os preços dos produtos ao consumidor final aumentariam. Isso iria contra os esforços de retirar a economia do bloco da recessão. Segundo a posição britânica, as novas medidas proibiam o uso de carne de aves previamente congelada em preparações de carne de aves e estariam equivocadas pelas seguintes razões:

1) A proposta ia contra o esforço da Comissão Europeia de racionalizar os padrões de comercialização, e no lugar de incentivar inovações, fazia justamente o contrário;

2) A Comissão Europeia havia realizado estudo de impacto econômico sobre as medidas, que, segundo os britânicos, mostraria que o impacto seria negativo tanto para muitos países-membros como para o comércio em geral, o que faria a Comissão Europeia repensar o assunto;

3) A Comissão teria facilmente alcançado seus objetivos por meio da rotulagem dos produtos, ampliando a possibilidade de escolha do consumidor, alternativa melhor que a proibição da venda de preparações feitas de carne de aves previamente congelada;

4) A Comissão não havia dado tempo suficiente para as adaptações necessárias pela indústria de alimentos.

Finalmente, no dia 6 de novembro de 2009, foi publicado o Regulamento (CE) 1047/2009,[24] que alterou o Regulamento (CE) 1234/2007, no que se refe-

22. Disponível em: <http://register.consilium.europa.eu/pdf/en/09/st14/st14716-ad01.en09.pdf>.
23. Disponível em: <http://register.consilium.europa.eu/pdf/en/09/st14/st14716-ad01.en09.pdf>.
24. OJ L 290, 06.11.2009, p. 1. Disponível em: <http://eur-lex.europa.eu/LexUriServ/LexUriServ.do?uri=OJ:L:2009:290:0001:0003:EN:PDF>.

re aos padrões de comercialização de carne de aves, nos padrões da proposta apresentada pela Europa no TBT. O Regulamento Europeu 1047/2009 passou a ser aplicado a partir do dia 1.º de maio de 2010. Desde então, o setor privado e as autoridades do Brasil vêm estudando a possibilidade de abertura de procedimento de solução de controvérsia na Organização Mundial do Comércio a respeito do tema.

V – Conclusão

Como principal fornecedor de carne de frango à União Europeia, o Brasil tem sofrido os efeitos de uma política restritiva de acesso ao mercado europeu implementada nos últimos anos. As cotas tarifárias geradas como compensações pela renegociação de concessões tarifárias, conforme o Artigo XXVIII do GATT, gera custos burocráticos tanto na Europa como no Brasil, e tende a limitar os volumes de carne de frango que entram no bloco. Altas tarifas de importação e salvaguardas também geram custos adicionais às operações comerciais, que acabam por onerar o consumidor final dessa proteína animal. Regulamentos técnicos restritivos, cujo exemplo mais recente descrevemos acima, também limitam o uso dos produtos importados e podem causar complicações no abastecimento de matérias-primas aos processadores e operadores de *food-service* europeus. Finalmente, os subsídios às exportações europeias de frango inteiro concorrem com os produtos brasileiros principalmente no Oriente Médio, destino de uma parcela importante das exportações do Brasil.

Por outro lado, a União Europeia parece buscar formas de proteger a sua indústria de carne de frango por meio de uma complexa política envolvendo medidas comerciais de diferentes naturezas, mesmo que cerceadas pelos compromissos assumidos pelo bloco na Organização Mundial do Comércio. A Política Agrícola Comum continua a ser um tema de grande relevância no âmbito do bloco europeu, e o caso da carne de frango é um exemplo da importância atribuída à produção de alimentos dentro das fronteiras europeias, assim como aos grupos de interesse ligados a essa produção.

Porém, tudo indica que Brasil e Europa continuam a ser parceiros estratégicos no comércio de carne de frango, conferindo-se grande importância mútua. Com os volumes de comércio praticamente limitados pelas cotas tarifárias, e o consumo do bloco europeu estabilizado, resta saber como essa parceria se desenvolverá no futuro. Buscará o Brasil fortalecer suas parcerias com mercados em desenvolvimento, como a Ásia e a África, onde o consumo *per capita* cresce mais que nas economias desenvolvidas, e cujo potencial de aumento de produção local não acompanhará a demanda? O bloco europeu tornará mais flexíveis suas políticas comerciais? O investimento direto entre

Brasil e Europa no setor de carne de frango se desenvolverá mesmo com as atuais limitações comerciais? São questões a serem respondidas nos próximos anos e que demandarão dos formuladores de política comercial de ambos os lados um esforço significativo para o avanço e conclusão da importante negociação do acordo de associação entre MERCOSUL e União Europeia, que pode criar a maior área de livre comércio, com mais de 700 milhões de consumidores, e, finalmente, reduzir as tensões que pairam sobre as relações comerciais do agronegócio.

BIBLIOGRAFIA

BALDWIN, R. Regulatory protectionism, developing nations and a two-tier world trade system. *Brooking Trade Forums*, p. 237-280, 2000.

CONVENÇÃO DE VIENA SOBRE O DIREITO DOS TRATADOS. 26 de maio de 1969. Disponível em: <http://www2.mre.gov.br/dai/dtrat.htm>. Acesso em: 24 jan. 2013.

ROSENDORFF, P.; MILNER, H. The optimal design of international trade institutions: uncertainty and escape. *International Organization*, v. 55, n. 4, p. 829-857, 2001.

WTO. Understanding on the interpretation of article XXVIII of the General Agreement on Tariffs and Trade 1994. Disponível em: <http://www.wto.org/english/docs_e/legal_e/12-28.pdf>. Acesso em: 31 jan. 2013.

7

Acesso a crédito e problemas envolvendo a exportação de grãos

André Ricardo Passos de Souza e Ralph Melles Sticca

I – Introdução

Este tema guarda grande importância com o desenvolvimento do agronegócio brasileiro na medida em que correlaciona o crédito, vital à "irrigação" da economia, ao Direito e a outros temas mais abrangentes de comércio exterior. Portanto nosso grande desafio foi determinar, dentro de nosso campo de estudos e experiência, quais os principais tópicos que permeiam as discussões no Brasil em torno da temática creditícia e exportadora no agronegócio brasileiro, mormente em virtude dos instrumentos jurídicos e marcos regulatórios atuais.

Nessa linha de raciocínio e procurando ser fiéis à nossa visão da sistemática do agronegócio exportador de grãos no Brasil, não podemos deixar de correlacionar o tema creditício e os seus respectivos marcos regulatórios à questão fiscal e seu significativo impacto sobre os custos de produção, financiamento, distribuição e vendas dos produtos agrícolas, na medida em que a incidência de tributos de diversas espécies e naturezas na cadeia exportadora, juntamente com a escassez do crédito disponível para o financiamento das lavouras de grãos, cumpre papel fundamental e destacado no rol desses problemas e gargalos à exportação de grãos, tema central sobre o qual procuraremos traçar estas breves linhas.

Nosso trabalho tentará colocar estas questões em perspectiva jurídica, a ensejar uma reflexão, de cunho prático, porém um pouco mais profunda do que o usual sobre um tema tão complexo e imbricado, de modo que possamos de alguma forma contribuir para que em um futuro próximo as políticas públicas sejam menos dissociadas da vocação agrícola do País e de alguma forma apontem um caminho mais "suave" dos produtos agrícolas brasileiros em seu destino natural ao mercado internacional.

II – O contexto atual do agronegócio brasileiro exportador

Em um momento em que todo o País se debruçou em rede televisiva nacional sobre uma discussão construtiva acerca dos fundamentos do nosso regime republicano e da prevalência da legalidade e moralidade elevadas à categoria que sempre lhes foi reservada pela nossa sociedade e Carta Constitucional, que é a qualidade de "Direito Pressuposto"[1] – tudo isto posto à prova em função do julgamento do caso do denominado "Mensalão" pelo Egrégio Supremo Tribunal Federal –, temos o desafio de identificar os problemas mais candentes em relação ao crédito ao agronegócio exportador, ao mesmo tempo em que adotamos uma postura propositiva em relação a potenciais soluções e/ou medidas de estímulo facilmente aplicáveis pelos entes da Federação a auxiliar no "destravamento" da cadeia exportadora e sua desoneração, de forma que os grãos e outros produtos agropecuários possam competir em igualdade de condições com aqueles produtos derivados e produzidos em países que se enquadrariam na categoria de "competidores" do Brasil no mercado internacional.

Para tanto, seria necessário traçar um perfil do Brasil nesse cenário de competição internacional no agronegócio exportador e buscar comparar o país e as nossas políticas agrícolas, econômicas e de investimento com as políticas usualmente praticadas nos demais países produtores/exportadores de *commodities* agrícolas.

Já mencionamos no primeiro parágrafo desta parte do estudo que o contexto institucional brasileiro, no que tange ao respeito à ordem jurídica, mostrou-se maduro e democrático, diante dos princípios e postulados constitucionalmente escolhidos pela nação para seguir adiante no desafio da busca do desenvolvimento econômico e social, sem abrir mão da democracia e da legalidade, tão importantes a assegurar aos agentes econômicos e sociais o cenário de estabilidade político-jurídica e econômica a assentar as bases da continuidade e da previsibilidade das ações e dos investimentos.

II.a) Alguns dados estatísticos

Nesse diapasão, podemos então situar o País como um dos líderes mundiais na produção e exportação de produtos agropecuários. Além de primeiro

1. GRAU, Eros Roberto. *O direito posto e direito pressuposto.* 6. ed. São Paulo: Malheiros, 04-2005.

produtor e exportador de café, açúcar, álcool e suco de frutas, lidera o *ranking* das vendas externas de soja, carne bovina, carne de frango, tabaco, couro e calçados de couro. Projeções feitas por especialistas dos respectivos setores indicam que o País também será, em pouco tempo, o principal polo mundial de produção de algodão, biocombustíveis extraídos da cana de açúcar e óleos vegetais. Milho, arroz, frutas frescas, cacau, castanhas, nozes, além de suínos e pescados, são outros destaques no agronegócio brasileiro, que emprega atualmente 17,7 milhões de trabalhadores somente no campo.[2]

Somem-se a essa realidade as vitórias recentes contra subsídios agrícolas e barreiras tarifárias na União Europeia, segunda maior importadora de produtos brasileiros (23,4% das exportações totais em 2008, perdendo apenas para os países da América Latina e do Caribe, que, em conjunto, representaram 25,9%),[3] o crescente interesse mundial na substituição gradativa dos combustíveis fósseis por fontes renováveis de energia, bem como a explosão de consumo de produtos alimentícios em países como a China, e pode-se dizer que o setor se depara com um cenário de crescimento favorável nos próximos anos.

Utilizando-se o ano de 2008 como base de dados, é de se ressaltar que nesse ano o agronegócio representou 26,46% do Produto Interno Bruto (PIB) brasileiro (pela nova metodologia de cálculo do Instituto Brasileiro de Geografia e Estatística (IBGE), crescimento de 6,95% em relação a 2007, tendo já alcançado a marca de 28,79% em 2003.[4] As exportações no setor, no período de 2000 a 2005 (em dólares dos Estados Unidos da América – US$) cresceram 111,5%, atingindo US$ 38,93 bilhões em 2004,[5] sendo que em 2008 produtos do complexo soja, carnes (de frango e bovina), açúcar e álcool, papel e celulose, e café estiveram entre os dez principais produtos exportados pelo País, totalizando US$ 50.709 milhões ou 25,7% do volume exportado no período.[6]

Ademais, os preços dos produtos exportados pelo agronegócio brasileiro em US$ (IPE-Agro/Cepea) cresceram 42% de 2000 a junho de 2009, mesmo

2. Ministério do Desenvolvimento, Indústria e Comércio Exterior. Disponível em: <http://www.desenvolvimento.gov.br>. Acesso em: 30 set. 2009.
3. Ministério do Desenvolvimento, Indústria e Comércio Exterior. Disponível em: <http://www.desenvolvimento.gov.br>. Acesso em: 30 set. 2009.
4. Centro de Estudos Avançados em Economia Aplicada (Cepea) da Escola Superior de Agricultura Luiz de Queiroz (ESALQ/USP).
5. Ministério do Desenvolvimento, Indústria e Comércio Exterior. Disponível em: <http://www.desenvolvimento.gov.br>. Acesso em: 30 set. 2009.
6. Ministério do Desenvolvimento, Indústria e Comércio Exterior. Disponível em: <http://www.desenvolvimento.gov.br>. Acesso em: 30 set. 2009.

após recuarem 7% em 2001 e 12% em 2002.[7] Tomando-se por base o primeiro semestre de 2009, a soja em grãos obteve o melhor desempenho, com o maior crescimento no volume exportado (40,20%), assim como açúcar (36,67%), café (19,87%), papel e celulose (11,96%), carne suína (9,04%) e farelo de soja (7,18%).[8]

Nessa esteira, ainda, e tomando por base os números divulgados pelo Ministério da Agricultura para 2013, temos, segundo o IBGE (Instituto Brasileiro de Geografia e Estatística) e a CONAB (Companhia Nacional de Abastecimento), um aumento projetado em relação a 2012 da ordem de 9,9%, algo em torno de 178 milhões e 180,4 milhões de toneladas, sendo que os números da safra de 2011 e 2012 também foram sem precedentes na história – algo entre 162,1 milhões e 166,2 milhões de toneladas – o que mesmo com a perspectiva de acomodação de preços internacionais das *commodities* representará um significativo aumento global do valor total exportado.[9]

Outra grande barreira para o crescimento do setor é a pesada carga tributária brasileira, que, em 2008, atingiu 36,56% do PIB – crescimento de 1,02 pontos percentual em relação a 2007. A arrecadação de impostos em 2008 somou R$ 1,056 trilhão, com crescimento nominal de R$ 133 bilhões em relação a 2007 (14,43%), sendo R$ 739,68 bilhões correspondentes aos tributos arrecadados pela União, R$ 269,97 bilhões arrecadados pelos Estados e R$ 46,84 bilhões pelos Municípios.[10]

II.b) Os principais instrumentos financeiros disponíveis

Colaboram para esse desempenho, ainda, o desenvolvimento de novas políticas agrícolas, sobretudo de fomento ao setor produtivo exportador, em adição às operações de crédito já existentes e amplamente utilizadas – entre as quais se destaca o Pré-Pagamento à Exportação – e a desoneração destas operações do complexo e pesado sistema tributário brasileiro.

Nessa linha de raciocínio também temos que os denominados "Novos Títulos do Agronegócio" desempenham um papel fundamental de capilariza-

7. Barros, Geraldo Sant'Ana de Camargo; Silva, Adriana Ferreira. *Exportações do agronegócio ganham fôlego no fim do semestre*, Cepea-Esalq-USP, 24.08.2009. Disponível em: <http://www.cepea.esalq.usp.br>. Acesso em: 29 set. 2009.
8. Ministério do Desenvolvimento, Indústria e Comércio Exterior. Disponível em: <http://www.desenvolvimento.gov.br>. Acesso em: 30 set. 2009.
9. *O Estado de S. Paulo*, edições de 14 jan. 2013, p. A3 e de 17 jan. 2013, p. B7.
10. Instituto Brasileiro de Planejamento Tributário (IBPT). Disponível em: <http://www.ibpt.com.br>. Acesso em: 28 set. 2009.

ção do crédito privado em nosso sistema de agronegócio exportador, eis que surgem na esteira do desenvolvimento do mercado agropecuário e do aprimoramento do sistema negocial dos ativos gerados a partir da produção dos insumos derivados desse mercado, complementando os sistemas anteriores baseados nas linhas do crédito rural e nos tradicionais pré-pagamentos de exportação acima aludidos.

Conforme acima aludimos, o Brasil vem experimentando desde as décadas de 1970, 1980 e 1990 um crescimento vertiginoso de sua produção agrícola que se refletiu no aprimoramento dos sistemas negociais do agronegócio, no aparecimento e aperfeiçoamento da Bolsa de Mercadorias e Futuros e no desenvolvimento de títulos de crédito destinados a lastrear a negociação das *commodities* agrícolas.

Em agosto de 1994, com a edição da Lei 8.929, e na esteira da estabilização econômica representada pelo advento do "Plano Real", surgiram a Cédula de Produtor Rural (CPR), título representativo da promessa de entrega de produtos rurais, e a CPR com liquidação financeira, representativa da obrigação de pagar determinada soma em dinheiro equivalente ao preço dos produtos rurais a ela vinculados, verdadeira revolução e inovação em termos de financiamento do agronegócio exportador e fator ensejador da criação e desenvolvimento dos então denominados "Novos Títulos do Agronegócio".

Diante dessa nova realidade do financiamento agrícola cunhada com a chegada da CPR, em dezembro de 2004, com o advento da Lei 11.076, foram criados os denominados "Novos Títulos do Agronegócio" com a finalidade de fomentar o desenvolvimento dos negócios com produtos agrícolas e com os títulos que os representam, colocando à disposição de produtores e investidores novos mecanismos de financiamento da produção agropecuária.

Referidos títulos são:

a) *Certificado de Depósito Agropecuário (CDA):* título de crédito representativo de promessa de entrega de produtos agropecuários, seus derivados, subprodutos e resíduos de valor econômico, depositados em armazéns integrantes do sistema de armazenagem de produtos agropecuários (§ 1.º do art. 1.º da Lei 11.076/2004);

b) Warrant *Agropecuário (WA):* título de crédito representativo de promessa de pagamento em dinheiro que confere direito de penhor sobre o CDA correspondente, assim como sobre o produto nele descrito (§ 2.º do art. 1.º da Lei 11.076/2004);

c) *Certificado de Direitos Creditórios do Agronegócio (CDCA):* título de crédito nominativo, de livre negociação, representativo de promessa de pagamento em dinheiro e que constitui título executivo extrajudicial.

Sua emissão é exclusiva das cooperativas de produtores rurais e outras pessoas jurídicas que exerçam a atividade de comercialização, beneficiamento ou industrialização de produtos e insumos agropecuários ou de máquinas e implementos utilizados na produção agropecuária (art. 24 da Lei 11.076/2004);

d) *Letra de Crédito do Agronegócio (LCA):* título de crédito nominativo, de livre negociação e de emissão exclusiva das instituições financeiras, representativo de promessa de pagamento em dinheiro e que constitui título executivo extrajudicial (art. 26 da Lei 11.076/2004); e

e) *Certificado de Recebíveis do Agronegócio (CRA):* título de crédito nominativo, de livre negociação, de emissão exclusiva das companhias securitizadoras de direitos creditórios do agronegócio, representativo de promessa de pagamento em dinheiro e que constitui título executivo extrajudicial (art. 26 da Lei 11.076/2004).

Esses títulos têm natureza jurídica de "títulos de crédito" e regem-se pelos princípios gerais a eles aplicáveis, desde há muito consagrados pela legislação civil e comercial brasileira.

A própria Lei 11.076/2004 determina expressamente no art. 44, *caput*, que se aplicam ao CDCA, à LCA e ao CRA, no que forem cabíveis, as normas de direito cambial, o que só corrobora o posicionamento acima expresso, bem como o fato que perquirimos nessa parte de nosso texto acerca das modalidades de financiamento da produção agropecuária exportadora.

Diferentemente das operações de crédito rural e de financiamento das exportações por meio de Adiantamentos de Contrato de Câmbio (ACC) e Adiantamentos de Contratos de Câmbio de Exportação (ACE), as negociações com estes títulos representam desintermediação financeira, posto que se dão no âmbito, basicamente, do mercado de capitais, por se tratar de títulos em que o tomador de recursos (emissor) coloca diretamente os títulos perante os tomadores, trocando-os por recursos financeiros.

Nesse contexto, os nossos "competidores" têm enfrentado uma série de dificuldades em nível institucional, como a Argentina, no que tange ao trigo e soja, e a União Europeia (UE) e os Estados Unidos da América, no que tange à escassez de crédito e de fontes de financiamento da produção agropecuária, posto que mergulhados em crise sistêmica e endêmica desde os idos de setembro de 2008 até os dias de hoje.

Por outro lado, nossos competidores não enfrentam, de maneira geral, os problemas de logística, regulação ambiental e de tributação em cascata que enfrentamos, com nosso federalismo onipresente na esfera tributária e ambiental, e nossas dimensões continentais e parcos investimentos em infraestrutura.

Diante desse cenário brasileiro e da multiplicidade de fontes de financiamento interno e externo às exportações de *commodities* agrícolas, entre elas os grãos, e ademais em se considerando a existência de incentivos fiscais específicos à exportação que serão descritos de forma mais aprofundada em artigo próprio, em contraposição ao que ousamos denominar como "onipresença federativa", temos presentes os principais aspectos a serem considerados em uma análise em torno do tema sobre o qual nos debruçamos neste trabalho, bem como dos problemas que ainda perduram em termos de uma maior efetividade desse plexo normativo diante das políticas praticadas pelos governos nas esferas federal e estadual, bem como os seus respectivos impactos na cadeia de produção, industrialização e comercialização agropecuária exportadora. Vejamos.

III – Os instrumentos financeiros e o agronegócio exportador

Dadas as linhas gerais de nossa política e os marcos regulatórios disponíveis, seja no campo do financiamento, seja no campo da tributação, conforme ousaremos correlacionar adiante, não temos dúvidas em afirmar que em termos de instrumentação jurídico-financeira estamos bem avançados em comparação com os nossos competidores da União Europeia e Estados Unidos da América, na medida em que os nossos mecanismo de financiamento de uma forma bastante exitosa lograram dar sustentação às políticas governamentais e da iniciativa privada do agronegócio exportador brasileiro.

Nesse diapasão, ainda, temos que os instrumentos financeiros hoje existentes respondem por grande parte dos recursos carreados da poupança nacional e internacional ao nosso agronegócio exportador, auxiliando e complementando o aporte dos recursos oficiais disponíveis a fomentar essas atividades. Sendo assim, podemos afirmar que os instrumentos disponíveis de política creditícia agrícola são largamente utilizados para o financiamento do agronegócio exportador brasileiro, em complemento às linhas oficiais e até mesmo aos recursos estrangeiros internados pelos investidores estrangeiros ou até mesmo intermediados por instituições financeiras nacionais captadoras de recursos internacionais para investimento local.

A seguir, examinaremos as características dos principais instrumentos vinculados ao financiamento desse agronegócio exportador, bem como seus principais contornos jurídicos, de modo a correlacioná-los, como é o intuito deste estudo, ao fomento do agronegócio exportador brasileiro.

III.a) O Sistema Nacional de Crédito Rural (SNCR)

Com efeito, a modernização da agricultura, implementada por meio da absorção de máquinas e insumos produzidos no setor industrial nacional, levou a um aumento de produção e de produtividade no setor agrícola. Esse aumento criaria crescentes excedentes exportáveis a um custo de produção mais reduzido que possibilitaria colocá-los de forma competitiva no mercado internacional. O mecanismo acionado pelo Governo nesse contexto foi o crédito rural, por meio da criação do Sistema Nacional de Crédito Rural (SNCR).

A criação do SNCR, em meados da década de 1960, apresenta uma série de características que enquadram o sistema no panorama geral traçado pelo Governo Federal com a intenção de alterar estruturalmente o funcionamento da economia brasileira, principalmente a ensejar o viés exportador cunhado ainda sob a batuta do ex-Ministro da Fazenda Delfim Netto, cujo lema da política econômica "exportar é o que importa" buscava a acumulação dos excedentes internacionais de divisas por meio de uma política produtiva e industrial voltada à exportação.

Na seara do Direito, a legislação que criou o sistema de crédito previa, de forma explícita, por meio de seus diversos objetivos, a intenção de incentivar o aumento da produção agropecuária pela implementação de melhorias obtidas com a disponibilidade de recursos aplicáveis nas diferentes fases de seu processo produtivo.

Nesse diapasão, cabe ao SNCR conduzir os financiamentos destinados ao Crédito Rural, sob as diretrizes da política creditícia formulada pelo Conselho Monetário Nacional (CMN), em consonância com a política de desenvolvimento agropecuário, contando com complexa estrutura, a qual é constituída por órgãos básicos, vinculados e articulados.

III.b) A CPR e os Denominados "Novos Títulos para o Financiamento do Agronegócio"

Conforme destacado anteriormente, a edição da Lei 11.076/2004 representou avanço significativo na forma de conceder financiamento à atividade rural, seja ela exportadora, caso em estudo, seja ela destinada ao mercado interno.

Capítulo à parte nessa história e um verdadeiro divisor de águas no financiamento agrícola a partir do contexto institucional de 1994, foi a criação da Cédula de Produto Rural (CPR), nesse mesmo ano, pois que corporifica em um título de crédito que ganha características de "valor mobiliário", no conceito legal vigente, o crédito ao agronegócio, seja sob a forma de produto rural, seja sob a forma de dívida em pecúnia, dotando-o de portabilidade inerente aos títulos propiciadores da tão almejada desintermediação financeira fundamental para cobrir os déficits de recursos públicos e de recursos obrigatórios destinados pela instituições financeiras ao financiamento de nosso agronegócio.

Com efeito, a CPR, instituída pela Lei 8.929, de 22 de agosto de 1994, representa a promessa de entrega de produtos rurais, com ou sem garantia cedularmente constituída, cujos emitentes são o produtor rural e suas associações, inclusive cooperativas.

Nos termos do art. 4.º da Lei 8.929/1994, a CPR é título líquido e certo, exigível pela quantidade e qualidade de produto nela previsto, sendo possível o cumprimento parcial da obrigação de entrega, que será anotado, sucessivamente, no verso da cédula, tornando-se exigível apenas o saldo.

Nesse contexto, nos termos do art. 4.º-A, incluído pela Lei 10.200/2001, foi permitida a liquidação financeira da CPR, desde que observadas as seguintes condições: (i) que sejam explicitado, em seu corpo, os referenciais necessários à clara identificação do preço ou do índice de preços a ser utilizado no resgate do título, a instituição responsável por sua apuração ou divulgação, a praça ou o mercado de formação do preço e o nome do índice; (ii) que os indicadores de preço de que trata o inciso anterior sejam apurados por instituições idôneas e de credibilidade junto às partes contratantes, tenham divulgação periódica, preferencialmente diária, e ampla divulgação ou facilidade de acesso, de forma a estarem facilmente disponíveis para as partes contratantes; e (iii) que seja caracterizada por seu nome, seguido da expressão "financeira".

Também a CPR com liquidação financeira é um título líquido e certo, exigível, na data de seu vencimento, pelo resultado da multiplicação do preço, apurado segundo os critérios previstos no título, pela quantidade do produto especificado, sendo que, para sua cobrança, cabe ação de execução por quantia certa.

Ressalte-se que, nos termos do art. 10, aplicam-se à CPR, no que forem cabíveis, as normas de direito cambial, com as seguintes modificações: (i) os endossos devem ser completos; (ii) os endossantes não respondem pela entrega do produto, mas tão somente pela existência da obrigação; (iii) dispensa-se o protesto cambial para assegurar o direito de regresso contra avalistas.

Assim, com a criação da CPR, antes mesmo do advento da Lei 11.076/2004, já tínhamos um ambiente econômico, financeiro e jurídico apto a receber uma maior diversificação dos títulos do agronegócio e a criar um amplo mercado de direitos creditórios ligados à produção rural, muito mais amplo e lastreado, desde há muito, nas CPR. No entanto, a maior liquidez aos portadores dos títulos por meio de regras de circulação, bem como a amplificação do dinamismo em função da circulação eletrônica e a previsão expressa de securitização desses créditos, é elemento importante para a confiabilidade dos novos títulos[11] introduzidos pela Lei 11.076/2004. Vejamos como funciona:

1. Certificado de Depósito Agropecuário e Warrant Agropecuário (CDA/WA)

Instituído pela Lei 11.076/2004, alterada pela Lei 11.524/2007, o CDA é título de crédito representativo da promessa de entrega de produtos agropecuários, seus derivados, subprodutos e resíduos de valor econômico, emitido pelo armazenador em favor do depositante, que poderá ser produtor, cooperativa, comerciante, indústria ou exportador (art. 1.º, § 1.º, Lei 11.076/2004).

Também instituído pela Lei 11.076/2004, o WA é título de crédito representativo de promessa de pagamento em dinheiro que confere direito de penhor sobre o CDA correspondente, assim como sobre o produto nele descrito (art. 1.º, § 2.º, da Lei 11.076/2004). O CDA e o WA são títulos que devem ser emitidos simultaneamente pelo depositário, a pedido do depositante, podendo ser transmitidos unidos ou separadamente, mediante endosso, ficando o depositário que emitir referidos títulos responsável, civil e criminalmente, inclusive perante terceiros, pelas inexatidões e irregularidades neles lançadas (art. 1.º, § 3.º, da Lei 11.076/2004).

O endosso acima referido, conforme ocorre com a CPR, também deve ser completo (endosso em preto, nominativo ou pleno), e igualmente se caracteriza pela menção da pessoa em favor da qual o endosso é realizado. Além disso, os endossantes não respondem pela entrega do produto, mas apenas pela existência da obrigação.

2. Certificado de Direitos Creditórios do Agronegócio (CDCA), Letra de Crédito do Agronegócio (LCA) e Certificado de Recebíveis do Agronegócio (CRA)

Em linhas gerais, o CDCA, a LCA e o CRA, instituídos pela Lei 11.076/2004, são títulos de crédito nominativos, de livre negociação, representativos de promessa de pagamento em dinheiro e que constituem títulos executivos extrajudiciais. Assim, diferentemente dos anteriores, que têm por lastro e liquidação ativos agrícolas (produtos agropecuários), estes têm natureza eminentemente financeira, posto que liquidáveis apenas mediante contraprestação pecuniária na forma disposta na cártula (depois registrada em sistema eletrônico de liquidação e custódia).

11. WALD, A.; WAISBERG, I. Direito, mercado e agronegócio, *Valor Econômico*, São Paulo, 14 mar. 2005.

Porém, a despeito de terem natureza de títulos financeiros, sua emissão estará sempre lastreada em direitos creditórios, que, ao fim e ao cabo, deverão estar lastreados em produtos ou em ativos financeiros referenciados em produtos (CPR-F, por exemplo), pois que vinculados desde a sua emissão a direitos creditórios (CPR, CDA/WA, CDCA, CCB Agro, Contratos Comerciais[12] etc.) originários de negócios realizados entre produtores rurais, ou suas cooperativas, e terceiros, inclusive financiamentos ou empréstimos, relacionados com a produção, comercialização, beneficiamento ou industrialização de produtos ou insumos agropecuários ou de máquinas e implementos utilizados na atividade agropecuária, sendo que o valor desses títulos não poderá exceder o valor total dos direitos creditórios a ele relacionados (art. 23, parágrafo único, da Lei 11.076/2004).

Os direitos creditórios devem ser registrados em sistema de registro e de liquidação financeira de ativos autorizado pelo Banco Central do Brasil (Balcão Organizado de Ativos e Derivativos – CETIP ou Bolsa Brasileira de Mercadorias), devendo ser os títulos custodiados em instituições financeiras ou outras instituições autorizadas pela Comissão de Valores Mobiliários (CVM) a prestar serviço de custódia de valores mobiliários (arts. 25, § 1.º, I e II, e 27, parágrafo único, da Lei 11.076/2004).

Referidos títulos poderão ser distribuídos publicamente e negociados em Bolsas de Valores e de Mercadorias e Futuros, bem como em mercados de balcão organizados autorizados a funcionar pela Comissão de Valores Mobiliários. Nesses títulos, o endosso deve ser completo (endosso em preto, nominativo ou pleno, com ou sem aval do endossante, havendo ainda a possibilidade de se instituir cessão fiduciária em garantia dos direitos creditórios em favor do credor (arts. 43 e 44, inciso I, da Lei 11.076/2004).

Os direitos creditórios vinculados ao CDCA e à LCA não poderão ser penhorados, sequestrados ou arrestados em decorrência de outras dívidas do emitente desses títulos, a quem caberá informar ao juízo, que tenha determinado tal medida, a respeito da vinculação de tais direitos aos respectivos títulos, sob pena de responder pelos prejuízos resultantes de sua omissão (art. 34, parágrafo único, da Lei 11.076/2004).

É possível a instituição de regime fiduciário sobre os direitos creditórios vinculados ao CRA, estando estes livres de qualquer ação ou execução pelos credores da companhia securitizadora e não sendo passíveis de constituição de

12. Os Contratos Comerciais atualmente não são registrados no sistema de registro e de liquidação financeira de ativos autorizado pelo Banco Central do Brasil como lastro dos títulos, sendo apenas incluídos no sistema como garantia adicional e fixação do domicílio bancário da operação.

garantias ou de excussão por quaisquer dos credores da mencionada companhia (art. 39 da Lei 11.076/2004).

O CDCA e a LCA conferem ainda direito de penhor sobre os direitos creditórios a eles vinculados, independentemente de convenção entre as partes envolvidas na operação, sendo que, no caso de eventual substituição dos direitos creditórios a eles vinculados, ocorrerá a extinção do penhor sobre os direitos creditórios substituídos, constituindo-se automaticamente novo penhor sobre os direitos creditórios outorgados em substituição (art. 32, *caput* e § 1.º, da Lei 11.076/2004).

No que concerne especificamente ao CDCA, este é título de emissão exclusiva de cooperativas de produtores rurais e de outras pessoas jurídicas que exerçam a atividade de comercialização, beneficiamento ou industrialização de produtos e insumos agropecuários ou de máquinas e implementos utilizados na produção agropecuária (art. 24, parágrafo único, da Lei 11.076/2004). Já a LCA, trata-se de título de emissão exclusiva de instituições financeiras públicas ou privadas (art. 26, parágrafo único, da Lei 11.076/2004).

Por fim, o CRA é título de emissão exclusiva de companhia securitizadora (Sociedade Anônima – S.A.), com objeto específico na aquisição e securitização de direitos creditórios do agronegócio, para emissão e colocação de títulos no mercado financeiro e de capitais (art. 36, parágrafo único, da Lei 11.076/2004). A securitização de direitos creditórios do agronegócio é a operação pela qual os direitos creditórios são vinculados ao título de crédito emitido pela companhia securitizadora, mediante Termo de Securitização de Direitos Creditórios (art. 40 da Lei 11.076/2004).

III.c) As operações de pré-pagamento e as linhas de crédito vinculadas exclusivamente à exportação

A operação de "Pré-pagamento à Exportação" – ou Recebimento Antecipado de Exportação – está disposta no Título 1 (Mercado de Câmbio), Capítulo 11 (Exportação), Seção 4 (Recebimento Antecipado) do Regulamento do Mercado de Câmbio e Capitais Internacionais (RMCCI), divulgado pela Circular Bacen 3.280/05 e atualizado pela Circular Bacen 3.454/09, e caracteriza-se como "a aplicação de recursos em moeda estrangeira na liquidação de contratos de câmbio de exportação, anteriormente ao embarque das mercadorias".[13]

13. FORTUNA, Eduardo. *Mercado financeiro*: produtos e serviços. 14. ed. Rio de Janeiro: Qualitymark, 2001. p. 273.

Nessa operação, "o exportador assume uma dívida de natureza comercial, que se liquidará com a exportação das mercadorias, sem necessidade de remessa financeira no futuro";[14] ou seja, o importador de determinada mercadoria a ser exportada – ou qualquer pessoa jurídica no exterior, inclusive instituições financeiras – adianta ao exportador os valores que serão devidos por ocasião do pagamento pela aquisição da mercadoria objeto de exportação, correndo somente "o risco comercial de haver ou não o embarque de mercadoria"[15] (*performance* do contrato de exportação), ou ainda, no caso de instituições financeiras, "o risco comercial de o importador pagar ou não o que comprou".[16]

Nesse ínterim, nos termos do RMCCI, uma vez ingressados no País valores a título de recebimento antecipado de exportação, deve ocorrer no prazo de até 360 (trezentos e sessenta) dias: (i) o embarque da mercadoria ou a prestação do serviço; ou (ii) a conversão pelo exportador, mediante anuência prévia do pagador no exterior, em investimento direto de capital ou em empréstimo em moeda registrado no Bacen, nos termos da Lei 4.131, de 3 de setembro de 1962.

No entanto, para o pagamento de juros apurados sobre o saldo devedor do valor recebido a título de antecipação de exportação, a contagem de prazo tem como menor data de início a data de desembolso ou do ingresso dos recursos no País, sendo a taxa de juros livremente pactuada pelas partes, observada, quando houver, limitação legal, sendo facultado ao exportador (devedor), sua quitação mediante o embarque de mercadorias ao exterior.

O ingresso do montante adiantado pode se dar por transferência internacional em reais – incluídas as ordens de pagamento oriundas do exterior em moeda nacional –, ou por contratação de câmbio para liquidação pronta ou de câmbio contratado para liquidação futura, liquidado anteriormente ao embarque da mercadoria ou da prestação do serviço, sendo facultado seu retorno ao exterior, desde que comprovado o pagamento do Imposto de Renda incidente sobre os juros eventualmente remetidos ao exterior e relativos à parcela que ingressou, cujas mercadorias não tenham sido embarcadas ou cujo serviço não tenha sido prestado, observada a regulamentação tributária aplicável, discorrida nos itens a seguir.

Logo, a operação de pré-pagamento à exportação implica o ingresso de divisas no País a título de empréstimo concedido ao exportador, bem como a remessa de capital para o exterior, a título de pagamento dos juros pactuados, ambos os fluxos sujeitos à contratação de operações de câmbio perante

14. Idem, ibidem.
15. Idem, p. 274.
16. Idem, ibidem.

instituições financeiras brasileiras autorizadas pelo BACEN, e a exportação propriamente dita das mercadorias (cujos procedimentos e legislação aplicável estão retratados no item 2 do presente trabalho), gerando os seguintes desdobramentos tributários.

III.d) Os contratos de câmbio e os denominados ACCs e ACEs

Conforme determinado por lei,[17] apenas à moeda nacional é conferido o poder liberatório, ou seja, o poder de liberar dívidas e extinguir obrigações, seja na circulação de bens ou de serviços. Dessa forma, é mandatório para as empresas sediadas no Brasil que desejam ou necessitam ingressar recursos auferidos em moeda estrangeira no País que providenciem a conversão dos valores expressos em moeda estrangeira para valores expressos em moeda nacional. Tal é a motivação nuclear das operações de câmbio, representadas por contratos específicos regrados pelo BCB.

Em que pese a definição fornecida pelo Regulamento do Mercado de Câmbio e de Capitais Internacionais[18] (RMCCI), os contratos de câmbio são acordos de vontade firmados por partes determinadas com o intuito preciso de compra e venda de moeda estrangeira. A modalidade a ser especificamente estudada neste ponto é a dos contratos de câmbio de exportação, cujas partes serão, necessariamente, a empresa exportadora[19] e a instituição financeira autorizada pelo BACEN a operar no mercado de câmbio.

Tais contratos representam obrigações recíprocas e complementares entre as partes relativas. Em razão das características intrínsecas do tipo

17. Nesse sentido, atualmente, encontra-se em vigência a Lei 8.880, de 27 de maio de 1994, que instituiu a Unidade Real de Valor (URV), dentre outras disposições. A respeito da utilização exclusiva do Real (R$) na liberação de obrigações expressas em pecúnia, verifique-se adiante o conteúdo os artigos 2.° e 10.° do diploma legal retrocitado: "Artigo 2.° A URV será dotada de poder liberatório, a partir de sua emissão pelo Banco Central do Brasil, quando passará a denominar-se Real. [...] Artigo 10. Os valores das obrigações pecuniárias de qualquer natureza, contraídas a partir de 15 de março de 1994, inclusive, para serem cumpridas ou liquidadas com prazo superior a trinta dias, serão, obrigatoriamente, expressos em URV, observado o disposto nos arts. 8.°, 16, 19 e 22".

18. Define o RMCCI, em seu Título 1, Capítulo 3, Seção 1: "Contrato de câmbio é o instrumento específico firmado entre o vendedor e o comprador de moeda estrangeira, no qual são estabelecidas as características e as condições sob as quais se realiza a operação de câmbio".

19. No que cabe ao presente estudo, o perfil das empresas contratantes do câmbio de exportação será esmiuçado mais adiante.

contratual selecionado para análise, o papel da empresa exportadora será representado sempre pela venda, mediante transferência direta ou indireta, de moeda estrangeira à instituição financeira. Consequentemente, o dever da instituição financeira será, invariavelmente, o da entrega do preço acordado pela moeda estrangeira à empresa exportadora, que, por definição lógica, deverá ser realizado em moeda corrente nacional, convertida com base em índices cambiais oficiais.

Destarte, caracteriza-se o contrato de câmbio de exportação como uma compra e venda a termo, vale dizer, ao vendedor é criado o dever de transferência de domínio sobre determinado objeto contra o recebimento do preço correspondente pelo comprador. No presente estudo, identificam-se (i) como partes: a instituição financeira como compradora e a empresa exportadora como vendedora; (ii) como objeto: determinada soma de moeda estrangeira conversível; e (iii) como preço: o valor em moeda corrente nacional, determinado ou determinável a partir de índices cambiais oficiais.

1. Adiantamentos sobre Contrato de Câmbio (ACC)

Ao contrário do que pode ser inferido, ACC e ACE não são tipos contratuais novos e independentes quando considerados em face de contratos de câmbio. Vale dizer, não são negócios jurídicos nuclearmente distintos dos contratos de câmbio, restando apenas como variações específicas desses contratos.

Essas variações contratuais foram criadas para estimular as exportações brasileiras, na medida em que fornecem antecipadamente ao exportador os valores que, inicialmente, só seriam percebidos na liquidação da operação de câmbio.[20] Ocupam, destarte, mecanismo de destaque na cadeia produtiva exportadora,[21] porquanto são instrumentos de que as instituições financeiras se utilizam para fornecer recursos às empresas exportadoras a taxas remune-

20. "O recebimento antecipado do valor de exportação, por conta dos futuros recebimentos, no exterior, do preço da mercadoria exportada, é importantíssimo para que o vendedor, o exportador, refaça seus capitais e continue produzindo." VIDIGAL, Geraldo de Camargo. Restituição de adiantamento por conta de contrato de câmbio de exportação. In: WALD, Arnoldo. *I Ciclo de Estudos em Direito Econômico*, São Paulo, IBCB, 1993, p. 177.

21. "O sistema bancário presta, ao aparelho exportador, serviços de grande relevância. As operações celebradas entre os bancos e os exportadores são também fundamentais para a boa evolução das exportações, como o próprio esforço de produção dos bens exportáveis e os de colocação dos produtos, no exterior." VIDIGAL, Restituição de adiantamento por conta de contrato de câmbio, cit., p. 181.

ratórias calculadas sob parâmetros internacionais, que resultam em custos inferiores aos praticados no mercado interno.

Dessa forma, os contratos de câmbio firmados pelo exportador junto a determinada instituição financeira podem ser averbados com disposição que fixe o adiantamento de certo montante em decorrência da compra e venda de moeda estrangeira. O adiantamento em referência será realizado considerando-se deságio sobre o valor da exportação efetuada pela vendedora da moeda estrangeira. Sua averbação poderá ocorrer concomitantemente à celebração do contrato de câmbio ou em momento posterior.

Caso a averbação de referido adiantamento seja efetuada em momento anterior ao embarque das mercadorias (até 180 dias antes do embarque, podendo ser estendido a 360 dias, para liquidação do câmbio), será denominado ACC. Em sentido estrito, é o adiantamento efetuado pela instituição financeira do preço acordado sobre certa quantia em moeda estrangeira, a ser recebida no futuro por meio do pagamento pelo importador sobre a compra e venda mercantil internacional.[22] É efetuado tão somente com base no contrato de câmbio firmado, não sendo obrigatória à empresa exportadora a demonstração imediata à instituição financeira dos demais documentos comprobatórios da exportação.

Por sua vez, quando o adiantamento for realizado em momento posterior ao embarque das mercadorias (até 60 dias após o embarque, podendo o prazo ser estendido até 180 dias), momento este que pressupõe a emissão e posse por parte da empresa exportadora dos documentos representativos do embarque dos bens exportados, será denominado ACE. Esta espécie de adiantamento demanda que a empresa exportadora demonstre à instituição financeira a existência das cambiais de exportação, as quais podem, a critério das partes, ser retidas pela instituição financeira para posterior liquidação junto ao importador (procedimento mais comum) ou encaminhadas diretamente pela empresa exportadora ao importador para realização direta da liberação das mercadorias. O último procedimento foi citado apenas a título ilustrativo, pois carece de segurança, uma vez que permite ao importador receber a mercadoria sem efetuar o pagamento como condição precedente.

A grande vantagem do ACE perante o ACC é a diminuição do risco de inadimplência da operação, uma vez que se adiantam valores em momento que sucede o risco de exportação da empresa, sujeitando, a princípio, a liqui-

22. Define o RMCCI, em seu Título 1, Capítulo 3, Seção 3: "O adiantamento sobre contrato de câmbio constitui antecipação parcial ou total por conta do preço em moeda nacional da moeda estrangeira comprada para entrega futura, podendo ser concedido a qualquer tempo, a critério das partes".

dação da operação apenas ao pagamento pelo importador dos valores cedidos à instituição financeira.[23]

Seja qual for a variação de contrato de câmbio escolhida pelas partes no adiantamento dos valores acordados, a natureza jurídica da operação não será alterada. Trata-se de uma compra e venda a termo, contendo adiantamento total ou parcial do preço pelo comprador, cuja liquidação ocorrerá mediante o pagamento pelo importador dos créditos cedidos pela empresa exportadora à instituição financeira. Tal crédito é oriundo de uma compra e venda mercantil internacional realizada independentemente entre a empresa exportadora e sua contraparte, o importador.

IV – ALGUNS ASPECTOS TRIBUTÁRIOS NA EXPORTAÇÃO

1. Imposto de Renda Retido na Fonte (IRRF) nas remessas para o Exterior

No que diz respeito à incidência do Imposto de Renda nas operações de exportação, sem prejuízo da apuração pelo exportador do Imposto de Renda Pessoa Jurídica incidente sobre seu lucro líquido ajustado (ou pelo método do lucro presumido), de acordo com a legislação tributária de regência do imposto, haverá ainda a responsabilidade pela retenção e recolhimento do Imposto de Renda Retido na Fonte (IRRF) incidente sobre os rendimentos auferidos no País, por residentes ou domiciliados no exterior, pela prestação de serviços diversos – transporte, agenciamento, promoção de produtos etc.

Não obstante, em linha com os demais benefícios fiscais outorgados pela legislação tributária como incentivo à exportação de produtos nacionais, nos termos do art. 691[24] do RIR/99 a alíquota do IRRF foi reduzida a zero nas seguintes hipóteses: (i) receitas de fretes, afretamentos, aluguéis ou arrendamentos de embarcações marítimas ou fluviais ou de aeronaves estrangeiras, feitos por empresas, desde que tenham sido aprovados pelas autoridades competentes, bem assim os pagamentos de aluguel de contêineres, sobrestadia e outros relativos ao uso de serviços de instalações portuárias; (ii) comissões pagas por

23. Além disso, entre os benefícios dos ACCs e ACEs, recebe especial atenção a isenção do Imposto de Renda (renúncia fiscal) que incide sobre o pagamento dos juros de operações de financiamento externo, sempre que a exportação se concretiza ("performa"); outro benefício fiscal é a não incidência de IOF, já que não se trata de operação financeira; finalmente, a norma cambial permite que não seja especificado o bem ou serviço objeto da exportação, o que confere flexibilidade ao mecanismo pela compra e venda de *performance* entre instituições financeiras e exportadoras.

24. Ratificando o disposto nos arts. 1.º da Lei 9.481/1997 e 20 da Lei 9.532/1997.

exportadores a seus agentes no exterior; (iii) remessas para o exterior, exclusivamente para pagamento das despesas com promoção, propaganda e pesquisas de mercado de produtos brasileiros, inclusive aluguéis e arrendamentos de *stands* e locais para exposições, feiras e conclaves semelhantes, bem como as de instalação e manutenção de escritórios comerciais e de representação, de armazéns, depósitos ou entrepostos; e (iv) valores correspondentes a operações de cobertura de riscos de variações, no mercado internacional, de taxas de juros, de paridade entre moedas e de preços de mercadorias (*hedge*).

2. *Acordos internacionais para evitar a dupla tributação da renda*

O Brasil detém atualmente, no âmbito da competência outorgada pelo art. 84, inciso VIII, da CF/1988, e em observância ao disposto no art. 98 do CTN, 29 (vinte e nove) Acordos para Evitar a Dupla Tributação firmados com diversos países com os quais mantém relações comerciais e diplomáticas. Esses atos, produzidos e firmados pelo Poder Executivo, são ratificados em nosso Congresso Nacional por meio de Decreto Legislativo e promulgados por Decretos, utilizando como base, principalmente, o Modelo de Convenção da Organização para a Cooperação e Desenvolvimento Econômico (OCDE).

Mencionados Acordos preveem os impostos e pessoas visadas, as definições e conceitos de residência e estabelecimento permanente, bem como a divisão de competências tributárias com relação aos rendimentos imobiliários, lucros empresariais, dividendos, juros, *royalties* e ganhos de capital, principalmente, determinando os critérios para evitar ou amenizar a tributação desses rendimentos em ambos os Estados Contratantes.

Nesse contexto, a análise detida e aprofundada de mencionadas Convenções celebradas pelo Brasil torna-se relevante ao exportador na medida em que este deseje planejar e estruturar sua forma de atuação no exterior – seja de forma direta com o importador das mercadorias, ou por intermédio de estabelecimento filial, ou empresa controlada ou coligada; seja por intermédio de agentes ou representações locais –, de modo a observar os critérios de tributação dos rendimentos provenientes do exterior dados pelo país de residência da fonte pagadora e evitar tanto retenções indesejáveis quanto nova tributação dos mesmos rendimentos na apuração do IRPJ no Brasil.

3. *Contribuição Social sobre o Lucro Líquido (CSLL)*

Além do IRPJ o produtor rural que se reveste sob a forma de pessoa jurídica deve apurar e pagar a CSLL, com previsão constitucional no art. 195, inciso I, alínea *c*, da CF/1988, que foi instituída pela Lei 7.689/1988 e, ao longo dos anos, teve sua incidência bastante assemelhada à do IRPJ, sobretudo em relação às previsões legais de adições e exclusões ao lucro líquido, por conta do art. 57[25] da Lei 8.981/1995.

Saliente-se que as equiparações não alcançadas por lei foram editadas pelo Poder Executivo mediante a IN/SRF 390/04, a qual tem sido questionada administrativa e judicialmente por contribuintes sujeitos a autuações fiscais, perpetradas pela RFB cobrando a CSLL incidente, por exemplo, sobre multas punitivas consideradas indedutíveis, exação que, notoriamente, carece de fundamento legal e, sem dúvida, deverá ser rechaçada pelo Poder Judiciário.

A alíquota da CSLL é de 9%, sendo que, a depender do regime de apuração – o qual deve acompanhar a opção pelo IRPJ –, pode resultar em 1,08% sobre a receita bruta, no caso do lucro presumido, ou pela aplicação da alíquota de 9% sobre o percentual de presunção de 12% aplicável às pessoas jurídicas em geral.

4. *Contribuição para o Programa de Integração Social (PIS/PASEP) e Contribuição para o Financiamento da Seguridade Social (COFINS)*

A Contribuição para o PIS/PASEP e a COFINS foram instituídas pelas Leis Complementares 7/1970, 8/1970 e 70/1991, respectivamente, de acordo com o permissivo constitucional consignado nos arts. 195, inciso I, alínea *b*, e 239, sendo atualmente regulamentadas pelas Leis 10.637/2002 e 10.833/2003, tendo sua incidência não cumulativa como regra geral de tributação, sendo igualmente incidentes sobre o faturamento mensal.

No regime cumulativo, fundamentado na Lei 9.718/1998, as alíquotas eram de 0,65% para a Contribuição para o PIS/PASEP e de 3% para a COFINS; com a implementação da não cumulatividade, as alíquotas foram aumentadas para 1,65% e 7,6%, respectivamente.

Em contrapartida, com a adoção da não cumulatividade, foi permitido o aproveitamento de créditos pela legislação, o desconto de créditos calculados em relação a: (i) bens adquiridos para revenda, exceto em relação às mer-

25. "Artigo 57. Aplicam-se à Contribuição Social sobre o Lucro (Lei 7.689, de 1988) as mesmas normas de apuração e de pagamento estabelecidas para o imposto de renda das pessoas jurídicas, inclusive no que se refere ao disposto no artigo 38, mantidas a base de cálculo e as alíquotas previstas na legislação em vigor, com as alterações introduzidas por esta Lei. (*Redação dada pela Lei n. 9.065, de 1995*). [...] § 3.º A pessoa jurídica que determinar o Imposto de Renda a ser pago em cada mês, com base no lucro real (artigo 35), deverá efetuar o pagamento da contribuição social sobre o lucro, calculando-a com base no lucro líquido ajustado apurado em cada mês."

cadorias e aos produtos sujeitos à substituição tributária das contribuições; (ii) bens e serviços utilizados como insumo na prestação de serviços e na produção ou fabricação de bens ou produtos destinados a venda, inclusive combustíveis e lubrificantes; (iii) energia elétrica e energia térmica, inclusive sob a forma de vapor, consumidas nos estabelecimentos da pessoa jurídica; (iv) aluguéis de prédios, máquinas e equipamentos, pagos a pessoa jurídica, utilizados nas atividades da empresa; (v) valor das contraprestações de operações de arrendamento mercantil de pessoa jurídica, exceto se optante pelo Sistema Integrado de Pagamento de Impostos e Contribuições das Microempresas e das Empresas de Pequeno Porte ("Simples"); (vi) máquinas, equipamentos e outros bens incorporados ao ativo imobilizado, adquiridos ou fabricados para locação a terceiros, ou para utilização na produção de bens destinados à venda ou na prestação de serviços; (vii) edificações e benfeitorias em imóveis próprios ou de terceiros, utilizados nas atividades da empresa; (viii) bens recebidos em devolução, cuja receita de venda tenha integrado faturamento do mês ou de mês anterior, e tributada conforme o disposto nessa Lei; (ix) armazenagem de mercadoria e frete na operação de venda dos bens fabricados ou revendidos, quando o ônus for suportado pelo vendedor; e (x) vale-transporte, vale-refeição ou vale-alimentação, fardamento ou uniforme fornecidos aos empregados por pessoa jurídica que explore as atividades de prestação de serviços de limpeza, conservação e manutenção (art. 3.º da Lei 10.637/2002 e Lei 10.833/2003).

Saliente-se que não dará direito a crédito o valor: (i) de mão de obra paga à pessoa física; e (ii) da aquisição de bens ou serviços não sujeitos ao pagamento da contribuição, inclusive no caso de isenção, este último quando revendidos ou utilizados como insumo em produtos ou serviços sujeitos à alíquota 0 (zero), isentos ou não alcançados pela contribuição (art. 3.º, § 2.º, da Lei 10.637/2002 e Lei 10.833/2003).

Entretanto, o direito ao crédito aplica-se, exclusivamente, em relação: (i) aos bens e serviços adquiridos de pessoa jurídica domiciliada no País; (ii) aos custos e despesas incorridos, pagos ou creditados à pessoa jurídica domiciliada no País; e (iii) aos bens e serviços adquiridos e aos custos e despesas incorridos a partir de janeiro de 2003, no caso da Contribuição para o PIS/PASEP, e a partir de fevereiro de 2004, no caso da COFINS.

O crédito não aproveitado em determinado mês poderá ser utilizado para desconto da Contribuição para o PIS/PASEP e da COFINS devidas nos meses subsequentes (art. 3.º, §§ 3.º e 4.º, da Lei 10.637/2002 e Lei 10.833/2003). Isto se aplica, inclusive, às empresa comerciais exportadoras ou ao produtor exportador, na medida em que as receitas de exportação, apesar de imunes às referidas contribuições, são geradas a partir da aquisição de insumos intermediários, como despesas de frete, serviços e outras que, na medida em que tributáveis pelas referidas contribuições, geram créditos que podem ser acumulados na escrita fiscal do contribuinte e aproveitados em meses subsequentes em outras operações de mercado interno ou para o pagamento de IRPJ e CSLL do contribuinte pessoa jurídica que auferir resultado positivo em determinado período de apuração.

Com efeito, em relação ao desconto de créditos dessas contribuições pelas empresas comerciais exportadoras, relativos às mercadorias adquiridas com fim específico de exportação, o art. 3.º da Lei 10.637/2002, em sua redação original, não trazia qualquer óbice, sendo tais pessoas jurídicas enquadradas como sujeitas ao regramento geral do regime.

A partir de 1.º de fevereiro de 2004, com o advento da Lei 10.833/2003, contudo, nos termos do § 4.º do art. 6.º – e extensão ao regime não cumulativo da Contribuição para o PIS/PASEP, seguindo disposição do artigo 15 dessa norma[26] –, o direito de utilizar o crédito, em virtude da imunidade das receitas de exportação e isenção nas vendas com fim específico de exportação, não mais beneficiou a empresa comercial exportadora que adquirisse mercadorias com o fim específico de exportação, ficando vedada, nessa hipótese, a apuração de créditos vinculados à receita de exportação.

Saliente-se que o § 4.º em questão apenas corroborou a vedação de apropriação de créditos advindos da aquisição de bens ou serviços não sujeitos ao pagamento das contribuições, inclusive no caso de isenção, imposta pelo art. 3.º, § 2.º, inciso II, da Lei 10.637/2002 – com redação dada pela Lei 10.685/2004 –, mas gerou questionamentos de contribuintes acerca do desconto de créditos relativos aos demais bens e serviços adquiridos pelas empresas comerciais exportadoras, sujeitos ao pagamento das contribuições e cujo direito ao crédito é assegurado às pessoas jurídicas em geral pelo art. 3.º da Lei 10.637/2002 e pela Lei 10.833/2003, tais como despesas de frete e armazenagem nas operações de venda, cujo ônus é suportado pela empresa vendedora (inciso IX).

Nesse esteio, não obstante o entendimento exarado de forma superficial pelas autoridades fiscais, defende-se a aplicação ao caso da sistemática da não cumulatividade conferida às pessoas jurídicas exportadoras, em estrita observância aos arts. 5.º da Lei 10.637/2002 e 6º da Lei 10.833/2003, já discorridos,

26. "Artigo 15. Aplica-se à contribuição para o PIS/PASEP não cumulativa de que trata a Lei 10.637, de 30 de dezembro de 2002, o disposto: I – nos incs. I e II do § 3.º do artigo 1.º desta Lei; II – nos incs. VI, VII e IX do *caput* e nos §§ 1.º e 10 a 20 do artigo 3.º desta Lei; III – nos §§ 3.º e 4.º do artigo 6.º desta Lei; IV – nos arts. 7.º e 8.º desta Lei; V – nos incs. VI, IX a XXVII do *caput* e nos §§ 1.º e 2.º do artigo 10 desta Lei; VI – no artigo 13 desta Lei."

uma vez que toda empresa comercial exportadora – cujo repertório de benefícios fiscais tem previsão em legislação infraconstitucional – é também pessoa jurídica exportadora, enquadrando-se perfeitamente aos dispositivos mencionados, que lhe asseguram o crédito nas aquisições vinculadas às receitas de exportação, sendo referido crédito passível, inclusive, de compensação com outros tributos federais e/ou de restituição, denotando a liquidez do direito ao crédito em favor das pessoas jurídicas exportadoras.

Desta feita, às empresas comerciais exportadoras, considerando a imunidade das receitas de exportação prevista pelo art. 149, § 2.º, inciso I, da CF/1988 (com redação dada pela EC 33/2001), é assegurado o direito à manutenção e desconto de créditos de Contribuição para o PIS/PASEP e da COFINS nas aquisições de bens e serviços no mercado interno onerados com a incidência dessas contribuições, sob pena de que o benefício da não cumulatividade elevada a princípio constitucional pela EC 42/2003[27] resulte em incidência cumulativa da contribuição, devendo ser aplicado a referidas pessoas jurídicas exportadoras as normas de desconto e aproveitamento de crédito, previstas no art. 3.º da Lei 10.637/2002 e na Lei 10.833/2003.

Isto porque, ao contrário das próprias mercadorias adquiridas com fim específico de exportação – para as quais não há incidência da Contribuição para o PIS/PASEP e da COFINS, nos termos do art. 6.º, inciso III, da Lei 10.833/2003, não gerando, portanto, direito ao desconto de créditos por força do disposto nos arts. 3.º, § 2.º, inciso I, e 6.º, § 4.º, da mesma Lei –, os demais bens e serviços contratados pela empresa comercial exportadora no desempenho de suas atividades são onerados pela incidência dessas contribuições, motivo pelo qual é assegurado o direito de tomada de crédito relativo a esses custos e despesas.

5. *ICMS – Imposto sobre Operações Relativas à Circulação de Mercadorias e Prestações de Serviços de Transporte Interestadual e Intermunicipal e de Comunicação*

Nos termos do art. 155, inciso II, da CF/1988, compete aos Estados e ao Distrito Federal instituir impostos sobre operações relativas à circulação de mercadorias e sobre prestações de serviços de transporte interestadual e intermunicipal e de comunicação, ainda que as operações e as prestações se iniciem no exterior, imposto este denominado "ICMS".

27. "§ 12. A lei definirá os setores de atividade econômica para os quais as contribuições incidentes na forma dos incs. I, *b*; e IV do *caput*, serão não cumulativas."

Nesse sentido, em relação à sistemática de cobrança do ICMS, o § 2.º do art. 155 dispôs que ele será não cumulativo, compensando-se o que for devido em cada operação relativa à circulação de mercadorias ou prestação de serviços com o montante cobrado nas anteriores, pelo mesmo ou outro Estado ou pelo Distrito Federal.

Ademais, a CF/1988 dispôs que a isenção ou não incidência, salvo determinação em contrário da legislação, não implicará crédito para compensação com o montante devido nas operações ou prestações seguintes e, além disso, acarretará a anulação do crédito relativo às operações anteriores, determinando, ainda, que o ICMS poderá ser seletivo – em função da essencialidade das mercadorias e dos serviços.

Neste compasso, ainda de acordo com a CF/1988, salvo deliberação em contrário dos Estados e do Distrito Federal por meio de Convênios ou Protocolos no âmbito do Conselho Nacional de Política Fazendária (CONFAZ), as alíquotas internas do ICMS praticadas pelos Estados e pelo Distrito Federal não poderão ser inferiores às previstas para as operações interestaduais.

Dessa forma, em relação às operações e prestações que destinem bens e serviços a consumidor final localizado em outro Estado, adotar-se-á: (a) a alíquota interestadual, quando o destinatário for contribuinte do imposto, cabendo ao Estado da localização do destinatário o imposto correspondente à diferença entre a alíquota interna e a interestadual; e (b) a alíquota interna, quando o destinatário não for contribuinte do imposto.

Ressalte-se que o ICMS não incidirá sobre operações que destinem mercadorias ao exterior, nem sobre serviços prestados a destinatários no exterior, assegurada a manutenção e o aproveitamento do montante do imposto cobrado nas operações e prestações anteriores.

Por fim, saliente-se que, nos termos do § 2.º, inciso XII, do art. 155 da CF/1988, cabe à lei complementar: (a) definir os contribuintes do ICMS; (b) dispor sobre substituição tributária; (c) disciplinar o regime de compensação do imposto; (d) prever casos de manutenção de crédito, relativamente à remessa para outro Estado e exportação para o exterior, de serviços e de mercadorias; e (e) regular a forma como, mediante deliberação dos Estados e do Distrito Federal, isenções, incentivos e benefícios fiscais serão concedidos e revogados.

V – Alguns problemas a serem enfrentados na exportação de grãos

Pontuadas as principais questões relativas ao sucesso de nosso agronegócio exportador, podemos afirmar que esse êxito está muito diretamente relacionado à expansão do crédito voltado ao setor, mormente à exportação de grãos objeto desse nosso estudo, apesar da miríade de incidências tributárias decorrente do nosso "Federalismo Onipresente" que afeta o agronegócio exportador em suas mais diversas faces e, notadamente na "ponta" exportadora da cadeia, principalmente em se tratando da exportação de grãos objeto deste trabalho, posto que os mesmos são produzidos em regiões centrais e longínquas do País, onde há disponibilidade de terras, e exportados através de estados portuários, carregando em seu extenso percurso, além dos custos logísticos inerentes ao seu traslado, custos tributários que oneram a produção e notadamente a exportação, o que ousaremos apontar em seus diferentes vieses e visões.

Partindo-se da premissa traçada acima, é mais difícil vincular e enxergar diante do crédito disponível e farto, problemas de ordem estrutural. Pensamos que as questões que pululam nessa parte do nosso subsistema creditício do agronegócio derivam muito mais dos mecanismos de concessão e de proteção ao crédito, e da capacidade de os produtores e financiadores aumentarem a transparência no processo de produção e liquidação dos ativos a serem exportados (e que por meio da exportação gerarão os recursos necessários ao pagamento do crédito concedido), do que de problemas de ordem normativa ou dogmática de compreensão e aplicação do sistema por parte dos operadores do Direito e até mesmo do intérprete autêntico das normas, os nossos tribunais pátrios.

Podemos afirmar, sem sombra de dúvidas, que a principal questão que dizia respeito à parte jurídica dos problemas enfrentados na exportação de grãos foi relativamente bem resolvida nos últimos anos por meio da edição de legislação capaz de fazer funcionar um mercado financeiro forte e pujante, tal como a legislação atinente à emissão e liquidação dos denominados "Novos Títulos do Agronegócio", que os tribunais pátrios e mesmo os entes presentes na cadeia exportadora do agronegócio já aplicam com razoável precisão e uniformidade.

Por outro lado, as recentes reformas na legislação processual conferiram maior celeridade ao trâmite de processos e recursos. Entretanto, vale registrar, quanto à Lei de Recuperações Judiciais de 2005, que apesar do avanço na aplicação de alguns dos sistemas inspirado na legislação norte-americana acerca da matéria, a utilização do instituto ainda não foi bem assimilada pelas empresas, tampouco pelos investidores, o que tem gerado conflitos muitas vezes maximizados pela falta ainda de uma consolidação dos entendimentos exarados nas diversas instâncias do Poder Judiciário pelas instâncias superiores.

Nesse sentido de evolução sistêmica do plexo normativo de proteção ao crédito no agronegócio e necessidade de avanços pontuais, corrobora nossa assertiva o cuidadoso estudo preparado pela Dra. Ana Silvia Neves Comodo Barbosa,[28] que, em brilhante apanhado de todas as questões em torno da evolução dos instrumentos de crédito no agronegócio e de sua exequibilidade perante o Poder Judiciário brasileiro, assim sintetizou o estudo sob a forma de conclusão, *verbis*:

"(i) as medidas judiciais de execução, somadas às medidas cautelares, têm demonstrado ser, apesar de contar com o Poder Judiciário brasileiro, lento e sobrecarregado, instrumento rápido e eficaz na recuperação do crédito;

(ii) presentes os requisitos previstos em lei (*fumus boni iuris* e *periculum in mora*), é deferida a medida cautelar para garantia do resultado útil e prático da execução. Para concessão da medida é fundamental a demonstração da defraudação da garantia, conforme relatórios de monitoramento e gestão do produto. Todavia, o êxito no cumprimento da medida está intimamente relacionado à atuação efetiva do advogado, em conjunto com o oficial de justiça, para apreensão do produto no local onde estiver;

(iii) a efetividade das medidas judiciais está intimamente relacionada à prestação de serviços de monitoramento de lavouras outorgadas em garantia de operações de financiamento agrícola, bem como da administração colateral de estoques de produtos agropecuários depositados em armazéns, atividades fundamentais para a gestão do risco;

(iv) após o início do cumprimento da medida cautelar (sequestro ou arresto do produto, por exemplo) é comum que as partes venham a se compor, liquidando a obrigação com a entrega amigável do produto ou aceitação pelo credor do equivalente em dinheiro nas mesmas condições originalmente pactuadas;

(v) a execução direta ou exclusiva da garantia deixou de ser medida primária na recuperação de crédito de operações agrícolas, passando a ser vista como medida subsidiária, na hipótese de se mostrar frustrada a tentativa da execução do objeto original da obrigação principal; e

(vi) a hipótese de conversão em perdas e danos fica restrita à ocorrência de inadimplemento absoluto, se não for possível o cumprimento da obrigação pelas formas específica ou equivalente, nas quais não há qualquer possibilidade de recuperar o produto pelo seu perecimento ou desvio decorrente, principalmente, da falta de monitoramento de lavouras ou da administração colateral de estoques.

Diante disso, concluímos que a gestão dos procedimentos, na ordem estabelecida nesse estudo, que permite a análise real e transparente do ris-

28. *Direito do agronegócio*: mercado, regulação, tributação e meio-ambiente. São Paulo: Quartier Latin, verão de 2011. p. 707.

co de crédito atrelada à instrumentalização e à formalização das operações nos termos exigidos por lei, bem como à adoção das medidas judiciais e extrajudiciais cabíveis e adequadas às peculiaridades do caso concreto são fundamentais para a mitigação dos riscos e justificam o percentual de 90% de êxito na recuperação do crédito decorrente das operações de produtos agropecuários".

No que tange, outrossim, às questões tributárias, que decorrem, em sua grande maioria, do cenário atual de produção x exportação de grãos, onde encontramos muita dificuldade de equalizar as necessidades dos estados produtores com os problemas e questões dos estados exportadores dos grãos, notadamente e quase que exclusivamente, como decorrência do "Federalismo Onipresente" a que aludimos neste trabalho, o País tem que avançar em muitos campos e muitas esferas de competências tributárias para que tenhamos um agronegócio exportador de grãos apto a competir em igualdade de condições com os nossos "concorrentes" externos na produção dessas *commodities*.

Para tanto, podemos destacar, no que se refere às incidências de tributos federais, estaduais e municipais sobre a produção, industrialização e exportação de grãos – que é o objeto precípuo de nosso estudo – que, apesar do tratamento privilegiado dessas operações pela legislação tributária brasileira, em um contexto mais genérico em que o observamos por diversos aspectos, até mesmo na esfera da Constituição Federal vigente, temos que o "Federalismo Onipresente" provoca um sem-número de distorções nesse sistema, que deveria ser harmônico e destinado a conduzir nossas exportações de grãos ao exterior com muito mais facilidade do que temos hoje em dia.

Assim, ousaremos apenas pontuar algumas das questões mais candentes abaixo como forma de enumerá-las e explaná-las brevemente para fins de dar sequência ao assunto na forma de conclusão logo abaixo:

(a) a maioria dos produtos e subprodutos agropecuários é desonerada da incidência do Imposto sobre Produtos Industrializados (IPI), em função do critério da seletividade; entretanto, insumos utilizados na produção agrícola carregam a incidência do IPI na forma de custo, sem que haja contrapartida aos produtores-vendedores desse custo adicional que é "exportado" via integração à matriz de custeio da empresa exportadora;

(b) com a Lei 10.925/2004, os produtos e subprodutos agropecuários obtiveram sistemática distinta de incidência da Contribuição para o PIS/PASEP e COFINS, com alíquota zero para os insumos da produção rural, suspensão da incidência para os produtos *in natura* e crédito presumido para as agroindústrias; tais créditos, porém, em nenhuma medida se estendem ao setor exportador, tampouco para compensar a cumulatividade com outros custos de produção como o IPI, que se insere como custo incidente sobre os insumos tributáveis por aquele imposto;

(c) ainda no âmbito da Contribuição para o PIS/PASEP e COFINS, os custos indiretos de exportação de grãos, como frete, armazenagem e serviços sobre os quais incidem as referidas contribuições, apesar de contarem com norma expressa acerca de sua utilização pelo exportador para pagamento de outros tributos, encontram resistência injustificada das autoridades fiscais federais para o seu aproveitamento por parte das empresas exportadoras de grãos e outros produtos agrícolas, gerando nefasta cumulatividade das referidas contribuições e um carregamento desses valores no custo de exportação dos grãos que onera espuriamente o resultado da empresa exportadora;

(d) já a incidência do IRPJ e CSLL sobre os produtores rurais pessoa jurídica e agroindústrias, a despeito de atender à regra geral das demais pessoas jurídicas, traz benefícios específicos, tais como a possibilidade de compensar prejuízos fiscais na atividade rural sem qualquer limitação, sem, porém, ser reconhecida à CSLL a imunidade insculpida no art. 149 da Carta Federal de 1988, por ter entendido o Pretório Excelso, em caso recente, que a CSLL é tributo sobre "lucro" e não sobre "receita de exportação", que no entender da Egrégia Corte é o fato jurídico sobre o qual incide a norma imunizante;

(e) no que tange ao ICMS, a relutância dos estados em reconhecer o direito ao crédito decorrente da entrada de insumos tributados às comerciais exportadoras, ou, em certa medida, apesar de reconhecê-los, restringir o seu aproveitamento pelos estabelecimentos exportadores, redunda em cumulatividade vedada pela CF/1988 e legislação complementar, que, no mesmo sentido do IPI, onera excessivamente os custos do produto adquirido para exportação, mormente os grãos, que em sua matriz de custo "carregam" pesados custos de logística sobre os quais parcela importantíssima é referente ao ICMS, que nunca é recuperado pelo exportador.

Em nossa visão, estes seriam os problemas mais emergentes a serem tratados em uma eventual reforma tributária ou em uma minirreforma, como está em voga denominar, de modo que os primeiros entraves representam custos internos de produção que não deveriam ser exportados, aos moldes do que fazem os nossos "concorrentes", de forma que o Brasil melhoraria a sua competitividade no mercado internacional sem aplicar para tanto qualquer subsídio, apenas retirando do produto exportado custos tributários internos que de alguma forma são "exportados" junto com os grãos a eles atrelados.

VI – Conclusões e desafios

Conforme pudemos verificar ao longo deste estudo, as operações de exportação de grãos brasileiros para o exterior estão abrigadas por um complexo de normas constitucionais, infraconstitucionais e administrativas que perseguem o fomento da produção e a desoneração integral, com vistas a promover a competitividade dos produtos brasileiros no exterior, sem, contudo, configurar subsídios de qualquer ordem que possam levar o Brasil, por exemplo, a disputas comerciais perante a Organização Mundial do Comércio (OMC) e demais organismos internacionais.

Entretanto, apesar de o País contar com o plexo normativo estudado acima, ainda subsistem algumas dificuldades de aplicação do sistema engendrado, no plano da eficácia e da coercibilidade dessas normas, tanto no que tange ao crédito, em menor grau, quanto ao que tange ao sistema de desoneração fiscal das exportações, em grau extremamente alto.

Naquele sistema que mesmo em algum grau carece de coercibilidade e até mesmo de aplicação do sistema engendrado, vemos e comprovamos que os benefícios fiscais outorgados à exportação atingem em cheio as empresas integrantes da cadeia produtiva do agronegócio, mormente a cadeia produtora de grãos, na medida em que esta cadeia é notoriamente voltada para o mercado externo e, portanto, em tese, capturaria esses incentivos de forma mais abrangente, permitindo-lhes, inclusive, utilizar a possibilidade de exportar produtos agropecuários para o exterior como instrumento de arbitragem, em busca de melhores resultados econômicos.

É dizer, partindo-se da premissa de que os produtos agropecuários, além de demandados no mundo inteiro, estão sujeitos à cotação de preços em bolsas de mercadorias internacionais, que é facultado aos produtores rurais e agroindustriais, no momento de realizar suas vendas, simular as margens que serão atingidas na venda para o mercado interno – cujo resultado será verificado em reais e estará sujeito aos tributos normalmente incidentes sobre a venda (ICMS, IPI, Contribuição para o PIS/PASEP, COFINS e Contribuição para o INSS) – comparadas àquelas que seriam auferidas na exportação, sujeitas à variável "cotação da moeda estrangeira" (que pode lhe ser favorável), com notória economia de tributos e, consequentemente, ganhos financeiros consideráveis.

Na Tabela 1 a seguir, a título ilustrativo, compara-se a operação de exportação de produtos agropecuários com uma operação "convencional" de venda no mercado interno, sobre a qual incidem, em média, 18% a título de ICMS, 10% de IPI, 1,65% de Contribuição para o PIS/PASEP, 7,6% de COFINS e 2,85% de Contribuição para o INSS (e terceiros) – sendo desconsiderados, para efeitos de simulação, quaisquer créditos tributários previstos pela legislação tributária para abatimento dos impostos e contribuições, haja vista que, conforme amplamente discutido, são assegurados também ao exportador –, partindo-se de um determinado "Preço de Venda da Mercadoria", representado pelo custo de produção adicionado pela margem de lucro inicialmente exigida pelo empresário, considerando, ainda, que o mercado consumidor aceita arcar com o encargo financeiro dos tributos incidentes sobre a venda:

Tabela 1: Comparativo de venda no mercado interno x venda no mercado externo sem limitação de preço final de venda

Cenário 1: Alíquotas "Cheias"	Mercado interno	Exportação	Diferença
Preço de Venda da Mercadoria (custo + margem)	1.000.000,00	1.000.000,00	0,00%
(+) ICMS - 18%	219.512,20		
(+) IPI - 10 %	121.951,22		
(=) Preço Final de Venda (Nota Fiscal)	**1.341.463,41**	**1.000.000,00**	**-25,45%**
(-) ICMS	(219.512,20)		
(-) IPI	(121.951,22)		
(-) Contribuição para o INSS/GIIL-RAT/ Senar - 2,85%	(38.231,71)		
(-) Contribuição para o PIS/PASEP - 1,65%	(20.121,95)		
(-) COFINS - 7,6%	(92.682,93)		
(=) Resultado Líquido de Vendas	**848.963,41**	**1.000.000,00**	**17,79%**

Note-se que ocorreu um aumento de 34,15% no Preço de Venda inicialmente calculado ($ 1.000.000,00), pela inclusão do ICMS (de acordo com a sistemática de cálculo "circular") e do IPI, a serem destacados na Nota Fiscal de Venda e suportados pelo adquirente das mercadorias. Ademais, as contribuições sociais incidentes sobre o faturamento representaram perda de 12,10% no Resultado Líquido de Vendas em relação ao Preço de Venda inicialmente requerido ($ 1.000.000,00) – considerando-se a incidência da Contribuição para o INSS sobre o faturamento total e da Contribuição para o PIS/PASEP e COFINS sobre a mesma base, excluído somente o valor do IPI (o direito à exclusão do ICMS da base de cálculo dessas contribuições é atualmente objeto de julgamento pelo Pleno do STF[29]).

29. RE 240.785-2/MG e Ação Declaratória de Constitucionalidade 18/DF.

Consequentemente, a opção pela operação de exportação representa para o produtor rural e agroindustrial redução de 25,45% no Preço Final de Venda e aumento de 17,79% no Resultado Líquido de Vendas, quando comparada à operação no mercado interno – descartados, para efeitos de simulação, os custos operacionais relativos ao frete nacional e internacional, a seguros e a procedimentos de desembaraço aduaneiro.

Entretanto, quando o Preço Final de Venda aceito pelo mercado é limitado a $ 1.000.000,00, independentemente da incidência de impostos, os quais serão suportados exclusivamente pelo vendedor, o cenário favorável ao exportador é ainda mais visível, com Resultado Líquido de Vendas 65,52% maior, conforme a Tabela 2, a seguir.

Tabela 2: Comparativo de venda no mercado interno x venda no mercado externo com limitação de preço final de venda

Cenário 1: Alíquotas "Cheias"	Mercado interno	Exportação	Diferença
Preço de Venda da Mercadoria (custo + margem)	**745.454,55**	**1.000.000,00**	**34,15%**
(+) ICMS - 18%	163.636,36		
(+) IPI - 10 %	90.909,09		
(=) Preço Final de Venda (Nota Fiscal)	**1.000.000,00**	**1.000.000,00**	**0,00%**
(-) ICMS	(163.636,36)		
(-) IPI	(90.909,09)		
(-) Contribuição para o INSS/GIIL-RAT/Senar - 2,85%	(28.500,00)		
(-) Contribuição para o PIS/PASEP - 1,65%	(20.121,95)		
(-) COFINS - 7,6%	(92.682,93)		
(=) Resultado Líquido de Vendas	**604.149,67**	**1.000.000,00**	**65,52%**

Há de ser considerado nesse exercício que estamos fazendo, contudo, o fato de os benefícios fiscais de desoneração dos impostos incidentes no mercado interno que são outorgados aos produtores rurais e agroindustriais nas esferas municipal, estadual e federal, tais como a não incidência do INSS sobre as receitas de vendas ao exterior de grãos, o creditamento dos impostos e contribuições incidentes sobre os insumos tributados utilizados pelo produtor rural ou pela comercial exportadora e/ou *trading company* na operação de exportação, e demais, desenham um cenário em que a Tabela 2 não se aplicaria plenamente, posto que os custos dos impostos não creditados não seriam deduzidos do resultado líquido de vendas em excesso, gerando um efeito de exportação não internalização de ganhos no País e repasse dessa margem adicional (devido ao fato de a cotação de mercado representar uma "tabela" universal do preço dos grãos) aos países compradores de nossos grãos, com consequente perda de competitividade do Brasil em relação aos nossos "concorrentes", que não exportam seus tributos.

Adicionalmente à questão tributária acima demonstrada, também do ponto de vista do custo de captação de recursos, as operações de exportação de grãos são favoráveis em relação às operações do mercado interno, posto que, em tese, mais desoneradas sob o ponto de vista fiscal e referenciadas em preços e moedas com cotação no mercado internacional, pois permitem uma referência mais exata de valor agregado na tomada de empréstimos e financiamentos diretamente de instituições financeiras e pessoas jurídicas no exterior, para posterior aplicação na produção agroindustrial, operações estas vinculadas à *performance* da exportação dos produtos fabricados, permitindo que as taxas de intermediação financeira sejam reduzidas pela substituição do risco financeiro pelo risco comercial – mais administrável, sobretudo do ponto de vista de execução de garantias, conforme pontuamos em artigo próprio no texto.

Ademais, conforme demonstrado, o setor agrícola brasileiro, apesar da carga tributária excessiva, que ataca as margens de lucro dos empresários do setor, ameaçando o investimento e pesquisas em busca de maior produtividade e menores custos de produção, vem mantendo a competitividade diante dos concorrentes internacionais.

As tentativas do Poder Público de desoneração tributária nas etapas iniciais da cadeia produtiva não têm sido suficientes para reerguer os segmentos mais prejudicados com fatores climáticos e econômicos internacionais, atravancando o crescimento da produção e exportações, principalmente de produtos agrícolas de maior valor agregado, processados no próprio país.

Destarte, é essencial que a política creditícia aplicada ao agronegócio exportador venha acompanhada de um esforço de todos os setores e entidades da Federação (União, Estados e Municípios), de modo a garantir a efetividade da desoneração fiscal cunhada nas normas tributárias de incentivo à exportação de grãos e demais *commodities* nos âmbitos federal, estadual e municipal, sob pena de, ao não aplicarmos o sistema engendrado pela sociedade para internalizar no País as margens de lucro e os ganhos de produtividade estupendos que tivemos nas últimas décadas com o desenvolvimento de tecnologia própria no agronegócio, não incentivarmos o acúmulo das riquezas geradas por esse desenvolvimento no País, redundando na exportação de empregos e de valor agregado produzido pela nossa tecnologia nos negócios de exportação de grãos.

Tudo isso porque os preços finais desses produtos de exportação estão referenciados em mercados internacionais, não cabendo falar em repasse de custos fiscais aos compradores estrangeiros, o que, por sua vez, influencia diretamente na capacidade de investimento de nossos produtores, prejudicando, por via indireta, a própria política creditícia criada para servir de veículo próprio a incentivar o investimento no agronegócio exportador brasileiro.

8

O papel das regras da OMC para disciplinar as políticas agrícolas relacionadas ao controle das mudanças climáticas[1]

Adriana Dantas

1. Introdução

A relação entre agricultura e mudança climática é complexa. A atividade agrícola contribui para a mudança climática, é parte da solução e também uma vítima, por conta da sua extrema vulnerabilidade a eventos climáticos. Essa relação pede uma reavaliação dos instrumentos políticos implementados atualmente para apoiar o setor agrícola.

A política agrícola exerce um grande impacto na decisão produtiva do setor agrícola (terras, água e uso de produtos químicos), que pode afetar o meio ambiente e o comércio. A agricultura moderna tem sido promovida ao longo dos anos por políticas domésticas que garantem lucros ao setor agrícola, impulsionam a produção e definem artificialmente condições de acesso a mercados com impactos no comércio global. Uma marca da agricultura moderna é o uso crescente de monoculturas em solos fertilizados, com grande utilização de pesticidas e insumos energéticos externos. Essas práticas causam um impacto negativo no meio ambiente, na saúde humana, na economia e no comércio.

1. Esse artigo baseia-se no texto publicado pelo *Journal of World Trade*. DANTAS, A. The intersect between agriculture and climate change policies. *Journal of World Trade*, v. 45, 2011. A autora agradece a Milena Azevedo, Lea Faria e Elaini Silva pelo apoio na tradução e revisão deste artigo.

As mudanças climáticas, por sua vez, são uma preocupação real para o desenvolvimento sustentável da agricultura, tanto globalmente quanto nas fronteiras nacionais. Essa preocupação traz a discussão sobre o nível apropriado de intervenção governamental para criar incentivos a novas práticas agrícolas capazes de diminuir os efeitos das mudanças climáticas e, mais importante, estabelecer as condições para um futuro mais sustentável para a agricultura. A longa história do protecionismo agrícola indica que objetivos políticos legítimos, como a proteção ambiental e mudanças climáticas, podem ser usados para proteger interesses específicos, causando distorções ao comércio.

O AsA da OMC é atualmente o único acordo multilateral que disciplina políticas agrícolas. O acordo introduz um programa de reforma com o objetivo de promover a redução progressiva das formas mais distorcivas de apoio relacionado à produção, assim como mudanças na sua natureza. Como as normas internacionais de comércio requerem a redução do apoio relacionado à produção, o programa de reforma deveria ter o efeito de promover práticas agrícolas mais sustentáveis.

Portanto, as regras estabelecidas pelo AsA podem ter o papel de restringir a habilidade dos governos nacionais de adotar medidas restritivas ao comércio para guiar os impactos das mudanças climáticas no setor agrícola. Esse artigo avalia se o AsA pode, efetivamente, endereçar essa questão e apresentar sugestões para o fortalecimento das regras multilaterais que disciplinam o setor agrícola.

Esta análise será baseada na revisão dos principais instrumentos políticos adotados pelos EUA para estimular a produção e o consumo de etanol. O etanol, um combustível renovável, tem papel central no debate sobre agricultura, energia e políticas de mudanças climáticas. Políticas para impulsionar as energias renováveis de matérias-primas agrícolas são difundidas, apesar das incertezas com relação aos seus impactos na demanda de *commodities*, no fluxo de comércio, no uso da água e na diminuição da emissão de gases de efeito estufa.

A seção 2 apresenta a relação entre a política agrícola, meio ambiente e mudanças climáticas e convida à uma reflexão quanto ao tipo de política que irá criar as condições para uma agricultura mais sustentável no futuro. A seção 3 examina os principais instrumentos políticos adotados pelos EUA para apoiar a indústria doméstica de etanol. As medidas examinadas incluem subsídios às matérias-primas agrícolas e instrumentos fiscais utilizados para promover o desenvolvimento da industria do etanol.

A seção 4 trata da questão da eficácia das regras da OMC para disciplinar os efeitos das políticas americanas distorcivas ao comércio do etanol. Nesta seção, questiona-se a efetividade do sistema da OMC. Finalmente, na seção 5, apresentam-se sugestões para a maior eficácia do sistema da OMC para disciplinar políticas agrícolas voltadas ao controle das mudanças climáticas.

2. Agricultura, meio ambiente e as mudanças climáticas

2.1 Definindo uma complexa relação

As práticas agrícolas, seus impactos sobre o meio ambiente, a habilidade do setor de se adaptar às mudanças climáticas e o futuro da produção alimentícia são o centro do debate sobre o desenvolvimento sustentável. O prevalente sistema agrícola (agricultura convencional)[2] tem trazido ganhos em produtividade e eficiência. Entretanto, sua viabilidade no longo prazo tem sido questionada por diversas razões, incluindo impactos adversos da agricultura ao meio ambiente, à segurança alimentar e o paradoxo da fome e fartura.[3]

Em suma, uma marca da agricultura convencional é o uso de monoculturas em solos fertilizados. Evidências mostram que essas monoculturas são relativamente instáveis, têm grande perda por lixiviação de nutrientes, são suscetíveis a espécies daninhas e têm alta incidência de doenças e pestes.[4] Como consequência, essas práticas trazem efeitos negativos ao meio ambiente e à saúde humana[5] e geram preocupações sociais e econômicas.

2. De acordo com o Departamento de Agricultura dos EUA (USDA), o sistema agrícola convencional ao redor do mundo tem características comuns: rápidas inovações tecnológicas, altos investimentos de capital para aplicar à produção, gerenciamento de tecnologia, latifúndios monocultores que produzem por muitas estações, culturas híbridas de alto rendimento uniforme, uso extensivo de pesticidas, fertilizantes e entrada de energia externa. No caso da pecuária, a maior parte da produção vem de confinamento e sistemas concentrados. V. GOLD, Mary V. U.S. Department of Agriculture's Alternative Farming Systems Information Center, sustainable agriculture: definitions and terms. National Agricultural Library Cataloging Record: Special Reference Briefs Series n. SRB 99-02 (Rev. August 2007). Disponível em: ≤www.nal.usda.gov/afsic/pubs/terms/srb9902.shtml>. Acesso em: 30 jun. 2010.
3. Idem, ibidem.
4. TILMAN, David. Global environmental impacts of agricultural expansion: the need for sustainable and efficient practices, *Proc. Natl. Acad. Sci. USA* 96, May 1999, 5995, 5999.
5. Potenciais perigos à saúde estão ligados ao uso subterapêutico de antibióticos nas produções animais, a pesticidas e à contaminação da água e alimentos por nitrato. Consequentemente, é comum que trabalhadores agrícolas sejam infectados em

A produção convencional afeta profundamente o sistema ecológico e é uma fonte importante de poluição da água, incluindo sedimentos, sais, fertilizantes (nitratos e fosfatos), pesticidas e adubos. Outro efeito da produção agrícola é a queda da produtividade do solo em função da perda de matéria orgânica, de capacidade de retenção da água, de atividade biológica, de salinização do solo e de água irrigada em áreas de produção. Isso contrasta diretamente com a necessidade crescente de práticas agrícolas mais sustentáveis que assegurem o bom manejo dos recursos terrestres para prover às gerações presentes e futuras.[6]

Nesse contexto, tem-se a complexidade da relação entre produção agrícola e mudanças climáticas: a agricultura é uma das fontes de gases de efeito estufa, uma vítima das mudanças climáticas, mas também a solução.

Primeiramente, a produção agrícola e a pecuária liberam gases de efeito estufa e são responsáveis pela maior parte das emissões de metano (provenientes do gado e de áreas alagadas, especialmente arrozais) e óxido nitroso (proveniente do uso de fertilizantes). Além disso, mudanças no uso da terra, como degradação do solo e desmatamento, são dois efeitos devastadores da prática agrícola, por liberarem grandes quantidades de carbono na atmosfera, contribuindo para o aquecimento global.[7]

Em segundo lugar, as mudanças graduais de temperatura, das precipitações e a maior ocorrência de climas extremos aumentam o risco de danos às plantações, mortes na pecuária e outras perdas de ativos. Essas perdas podem ameaçar a produção alimentícia, assim como a estabilidade e a utilização dos recursos alimentícios. Além disso, mudanças climáticas serão um importante fator para a perda genética no futuro.[8] Esses fatores colocam a agricultura em uma posição vulnerável, como uma vítima das mudanças climáticas.

O terceiro aspecto dessa relação complexa é positivo: a agricultura como parte da solução para as mudanças climáticas por meio da adoção de práticas sustentáveis, que terão como efeito a redução de níveis de dióxido de carbono

campos, resíduos tóxicos sejam localizados em alimentos, e certas doenças animais e humanas desenvolvam certa resistência a determinados antibióticos.

6. V. GOLD, op. cit.
7. Food and Agriculture Organization of the United Nations (FAO). *Climate change mitigation and adaptation in the food and agriculture sector*, Technical Background Document from Expert Consultation held on 5–7 Mar. 2008, FAO, Rome.
8. A FAO alerta para o fato de que uma "perda irreversível de biodiversidade terá sérias consequências para a segurança alimentar global" (tradução livre) (FAO, *Climate change and biodiversity for food and agriculture*. ftp://ftp.fao.org/docrep/fao/010/i0142e/i0142e01.pdf, 28 jun. 2010).

no ar, o uso sustentável do solo e a proteção aos ecossistemas e a criação de condições para uma nova era na produção agrícola sustentável. Produtores podem exercer um importante papel na redução das emissões globais plantando árvores, reduzindo o cultivo,[9] aumentando a cobertura do solo, melhorando o manejo de pastagens e reduzindo o uso de fertilizantes. Essas medidas levam à recuperação do solo danificado pelo uso abusivo de práticas convencionais. O processo conhecido como "sequestro de carbono pelo solo" aumenta a resiliência e o rendimento do solo, e, ainda, reduz os níveis de dióxido de carbono no ar.

Os elementos que definem a relação complexa entre agricultura e mudança climática são inevitavelmente globais por natureza e requerem soluções globais e coordenação em nível multilateral. Conforme notado por Cottier e Matteotti-Berkutova, as ferramentas que parecem importantes quando procuramos definir mudanças climáticas como uma preocupação mundial são suas características universais e a necessidade de ação comum de todos os Estados por meio de medidas que funcionem para sua proteção.[10]

Eles também demandam uma reflexão das políticas nacionais que levem ao *status quo* e o papel que as disciplinas internacionais têm em promover mudanças progressivas na natureza de suporte, indo em direção a políticas que busquem promover práticas sustentáveis,[11] capazes de diminuir os efeitos e adaptar as mudanças climáticas.

9. A lavoura convencional é o sistema de lavoura em que se usa o cultivo como o maior meio de preparo do solo e controle de pestes. Tipicamente, inclui uma sequência de lavoura do solo, como aração e gradagem, para produzir um pequeno canteiro e também a remoção da maior parte de resíduos de plantas do plantio anterior. Nesse contexto, os termos "cultivo" e "lavoura" são sinônimos, com ênfase na preparação do solo. V.: OECD, *Environmental Indicators for Agriculture*, 2001, v. 3: Methods and Results (Glossary), p. 389-391.
10. COTTIER, T.; MATTEOTTI-BERKUTOVA, S. International environmental law and the evolving concept of "common concern of mankind, in: COTTIER; NARTOVA; SADEQ BIGDELI (ed.). *International trade regulation and the mitigation of climate change*, World Trade Forum, New York, Cambridge University Press, 2009, p. 31.
11. O termo "agricultura sustentável" é usado aqui como um sistema integrado de práticas de produção de plantas e animais que, ao longo do tempo, satisfará a necessidade humana por comida e fibras, melhorará a qualidade ambiental e a base de recursos naturais de que a economia agrícola depende, sustentará a viabilidade econômica de operações agrícolas e melhorará a qualidade de vida dos fazendeiros e da sociedade como um todo. V. Food, Agriculture, Conservation, and Trade Act of 1990, *Public Law* 101-624, 1990, s. 1603.

2.2 *Impactos da política agrícola no meio ambiente*

As mudanças climáticas são uma verdadeira preocupação para o desenvolvimento sustentável da agricultura, tanto globalmente quanto nas fronteiras nacionais. Essa preocupação traz a discussão quanto ao nível apropriado de intervenção governamental para criar incentivos para a adoção de novas práticas agrícolas capazes de diminuir os efeitos da mudança climática e, também, criar condições para um futuro sustentável da agricultura. O desafio continua sendo definir o nível apropriado de intervenção, deixando claro os critérios e criando mecanismos para monitorar os resultados dos instrumentos políticos adotados. Além disso, as medidas que influenciam a produção, como tarifas e outras medidas de comércio, e as medidas de apoio doméstico relacionadas à produção criam externalidades econômicas e ambientais negativas, e não são mecanismos feitos para enfrentar as mudanças climáticas. Portanto, é importante monitorar essas medidas para assegurar que não tenhamos a continuação de políticas passadas com impactos negativos na produção e no meio ambiente.

Os impactos da política agrícola nas decisões de produção (uso da terra, água e uso de produtos químicos) influenciam a decisão de uso da terra e têm impactos ambientais relevantes no debate de mudanças climáticas. Os mecanismos políticos que regem as questões agroambientais focaram inicialmente na erosão do solo, que afeta diretamente a produção agrícola, e depois começaram a incluir previsões para aumentar a qualidade da água, proteger hábitats, áreas alagadas e outros fatores do campo e, mais recentemente, começaram a levantar questões relacionadas às mudanças climáticas.

Entretanto, a história do apoio e protecionismo à agricultura indica que objetivos políticos legítimos, como a proteção ambiental e mudanças climáticas, podem ser usados para proteger interesses específicos e justificar distorções comerciais. Os países advogam, a certo tempo, a noção de que o apoio governamental à agricultura deve ser autorizado para tratar questões como meio ambiente, segurança alimentar, questões rurais e viabilidade de comunidades rurais – a chamada noção de “multifuncionalidade” da agricultura. Estudos demonstram que o apoio de países a uma agenda agrícola multifuncional está relacionado ao nível de proteção à agricultura.[12]

A experiência mostra que os efeitos das políticas domésticas agrícolas não estão restritos às fronteiras nacionais. O sistema agrícola global é extrema-

12. VANZETTI, D.; ELS, W. The “multifunctionality” of agriculture and its implications for policy, in: INGCO, M. D.; NASH, J. D. (ed.). *Agriculture and the WTO:* creating a trading system for development, 2004.

mente dinâmico e interdependente. Insumos agrícolas, tecnologias, produção e novos produtos alimentícios são todos comercializados em um sistema global interdependente. As políticas agrícolas implementadas por grandes produtores, como os EUA , podem afetar decisões quanto ao uso da terra em nível nacional e internacional. Essas políticas também afetam o fluxo de comércio global, o preço de *commodities* e as condições gerais de comércio, especialmente no caso de apoio à produção e uso irrestrito de diversos insumos (como fertilizantes). Essas formas de apoio são distorcivas ao comércio e levam a uma deterioração do meio ambiente. No entanto, continuam sendo utilizadas em países desenvolvidos.[13]

Portanto, há uma relação entre as políticas agrícolas distorcivas e o nível de impacto ambiental, especialmente no caso de políticas que não são dissociadas da produção. Assim como países ao redor do mundo introduzem novas estratégias para dirimir os efeitos das mudanças climáticas no setor agrícola, maior coordenação internacional e disciplina dessas políticas são cada vez mais necessárias.

2.3 *A regulamentação internacional do setor agrícola*

O setor agrícola é caracterizado por extensivo envolvimento governamental e intenso interesse por parte do setor privado. Por décadas, a proteção e os subsídios ao setor agrícola em países desenvolvidos diminuíram os preços internacionais desses produtos, com impactos significantes para os produtores e negócios agrícolas nos países em desenvolvimento. A agricultura tem sido desregulada por regras internacionais, e isso permite que alguns países desenvolvam instrumentos políticos complexos com o objetivo de transferir renda dos negócios urbanos aos produtores rurais e de proteger produtores locais da competição internacional.

Na maioria dos casos, é muito difícil reduzir o nível de gastos depois que fundos foram destinados ao setor agrícola. Os grupos com interesses específicos têm evoluído ao longo da história da intervenção agrícola e se opõem às reformas que colocariam as políticas domésticas em conformidade com as

13. A Organização para Cooperação Desenvolvimento Econômico (OCDE) estima que o apoio à produção (que também inclui proteção às fronteiras) e o apoio baseado no uso irrestrito de insumos variáveis representam 56% da Estimativa de Apoio ao Produto (*Producer Support Estimate* – PSE, em inglês) da OCDE em 2006-2008. OECD, *Agriculture Policies in OECD Countries: Monitoring and Evaluation, Executive Summary (2009)*, p. 12. Disponível em: <www.oecd.org/dataoecd/37/16/43239979.pdf>. Acesso em: 1.o jul. 2010.

obrigações internacionais, reduzindo os benefícios que o setor tem recebido por décadas.[14]

Desde os primeiros anos do Sistema Multilateral de Comércio, especialistas na área alertaram que as distorções e problemas criados pelas políticas domésticas[15] adicionariam desigualdade global, degradação ambiental e pobreza, já que três quartos das pessoas mais pobres do mundo dependem direta ou indiretamente da agricultura para sua renda principal.[16] Além disso, a vigilância internacional e controle sobre essas políticas sempre foram uma questão política sensível.

O AsA é a única regulamentação internacional abrangente que regula o setor agrícola. O acordo estabelece a base para o início de um processo de reforma no comércio agrícola orientado para um sistema de comércio agrícola justo e voltado para o mercado. Conforme previsto no preâmbulo do AsA, esse programa de reforma deve ser executado de modo a respeitar questões além do comércio, como a proteção ao meio ambiente e a segurança alimentar. Esses objetivos amplos podem ser interpretados de modo a incluir a necessidade de criar mecanismos que diminuam e adaptem o setor agrícola às mudanças climáticas.

Na área de subsídios agrícolas, o objetivo de longo prazo do AsA é prever reduções progressivas significativas, junto com uma mudança nas políticas de apoio mais distorcivas e ligadas à produção. O processo de reforma iniciado pelo AsA também limitaria o impacto negativo das políticas domésticas agrícolas no meio ambiente, já que o excesso de produção impacta negativamente o meio ambiente.

No entanto, o nível de subsídios agrícolas concedidos ainda é alto, um fator que indica que as regras e critérios adotados pelo AsA,criam condições para o processo de reforma, mas não se mostram efetivos. A atual Lei Agrícola dos EUA (*Farm Bill*),[17] por exemplo, não envolve mudanças radicais em políticas, mas expande o número de *commodities* elegíveis a apoio, aumenta as taxas de empréstimos e preços-alvo (*target prices*) e adiciona um programa

14. ANDERSON. K. (ed.). *Distortions to agricultural incentives:* a global perspective, 1955-2007, World Bank, 2009, p. 5.
15. V. *Haberler Report to the General Agreement on Tariffs and Trade (GATT) Contracting Parties*. Geneva: GATT, 1958.
16. The World Bank, *World Development Report,* 2008.
17. *Food, Conservation, and Energy Act of 2008*, Public Law 110-245, aprovado em 18 Jun. 2008 (*2008 Farm Bill* ou *Farm Bill*).

opcional contracíclico baseado na receita,[18] um programa que já foi revisado e condenado pelo OSC da OMC por conta de efeitos distorcivos ao comércio.[19]

A natureza promocional do AsA, que inicia o processo de reforma global e a liberalização do comércio agrícola, chama a uma discussão sobre a efetividade das disciplinas e preceitos estabelecidos nesse. Essas disciplinas, se efetivas, devem ser capazes de induzir mudanças progressivas na política doméstica agrícola levando em conta os objetivos levantados no preâmbulo do acordo. Isso requer uma mudança não só no volume de apoio, mas também, na natureza das políticas ligadas às preocupações com as mudanças climáticas e com o meio ambiente.

A experiência acumulada durante os 15 anos em que os acordos da OMC estiveram em vigor mostra quão grande é a distância entre os ideais que formaram as bases do Sistema Multilateral de Comércio e a prática atual. A liberalização do setor agrícola é um exemplo claro de uma área em que os resultados observados estão muito aquém das metas formalmente estabelecidas.

Essa discussão é atual, na medida em que governos ao redor do mundo estão adotando estratégias nacionais e regionais para diminuir e adaptar a agricultura às mudanças climáticas. A extensão do apoio que os EUA e a UE tornam disponíveis para responder às questões relacionadas às mudanças climáticas merece uma consideração cuidadosa. A falta de transparência e de vigilância apropriada sobre a implementação dessas medidas podem resultar em "mais do mesmo" tipo de protecionismo agrícola, justificável sob o argumento da mudança climática.

Pelo fato de a mudança climática ser um problema que demanda soluções globais, a coordenação internacional, o monitoramento e o controle das políticas nacionais são fatores-chave para assegurar que políticas nacionais dirijam propriamente as mudanças climáticas, enquanto não minam a liberalização comercial. Portanto, é importante avaliar o papel dos acordos da OMC e sua efetividade para limitar os impactos ao comércio das políticas agrícolas relacionadas às mudanças climáticas.

3. A AGRICULTURA DOS EUA E POLÍTICA DE MUDANÇA CLIMÁTICA

A história da intervenção governamental no setor agrícola dos EUA é longa e remete à independência dos EUA, quando a necessidade de lucro para as exportações agrícolas justificava políticas de apoio ao tabaco e produção de

18. Idem, s. 1105, *Average Crop Revenue Election* (ACRE) *Program*.
19. V. *US – Subsidies on Upland Cotton* (*US-Cotton*), WT/DS267.

madeira serrada.[20] A primeira reforma em grande escala foi feita na Grande Depressão.[21] A política agrícola do *New Deal* demandava um alinhamento da produção com a demanda doméstica e a manutenção dos preços pelo governo em níveis que garantiriam aos produtores um lucro razoável.[22] Com o tempo, as políticas agrícolas americanas evoluíram em favor da industrialização, concentradas e baseadas no tipo de agricultura de *commodities*.[23]

A política agrícola americana tem constantemente privilegiado a produção em detrimento da conservação.[24] Subsídios às *commodities*, mecanismos de suporte de preços e quotas para limitar a importação, junto com subsídios à exportação para dispor os excessos de produção, têm permanecido como recursos-chave da atual política agrícola dos EUA. Na verdade, eles têm-se tornado ainda mais importante, visto que a produção, com a ajuda da mecanização e o uso intenso de produtos químicos, tem continuado a ultrapassar a demanda.[25]

Desde o final dos anos 1970, tanto os governos federal quanto estadual dos EUA têm implementado diversos programas e regulações para encorajar a produção e uso de energia renovável com base agrícola.[26] Como dito no Relatório do Serviço de Pesquisa ao Congresso (*Congressional Research Service*), "as motivações citadas por essas iniciativas legislativas incluem questões de segurança energética, redução de emissões de gases de efeito estufa e aumento das demandas domésticas por produtos agrícolas produzidos nos EUA".[27] Na década de 1970 também foi caracterizada uma expansão da produção agrícola. A crescente demanda doméstica por grandes *commodities*, principalmente milho, foi uma preocupação para os desenvolvedores de políticas.

Os produtores de milho americanos responderam a esses incentivos governamentais, e a produção de etanol aumentou de 175 milhões de galões em

20. KEENEY, D.; KEMP, L. A new agricultural policy for the U.S. The Institute for Agriculture and Trade Policy and the Minnesota Project, Jul. 2003.
21. ANGELO, M. J. Corn, carbon, and conservation: rethinking U.S. agricultural policy in a changing global environment, *George Mason Law Review* 17, Spring 2010, 593, 622.
22. Idem, ibidem.
23. KEENEY e KEMP, op. cit., p. 4.
24. Idem, ibidem.
25. STEWART, T. P. (ed.). *The GATT Uruguay Round: a negotiating history (1986-1992)*, 1999, p. 142-143.
26. SCHNEPF, R. *CRS Report for Congress, Agriculture-Based Renewable Energy Production 1, Order Code RL 32712, Rev.* 16 Oct. 2007.
27. Idem, ibidem, tradução livre.

1980 para 13 bilhões de galões em 2010.[28]A expansão rápida da produção de etanol dos EUA tem implicações significativas para os setores alimentícios e de combustível.[29]

Nos EUA, o etanol é feito do milho,[30] o que não surpreende, pois é uma das culturas mais importantes do país, especialmente no chamado "cinturão do milho" (*corn belt*).[31] A prevalência do etanol à base de milho nos EUA é em parte resultado do forte incentivo dessas políticas por poderosos grupos produtores de milho e na indústria de álcool com base no milho. Estes incluem a Associação Nacional de Produtores de Milho (*National Corn Growers Association*) e a Associação de Combustíveis Renováveis (*Renewable Fuels Association*).[32]

Portanto, a política agrícola pujante nos EUA começou durante a Grande Depressão, que focou na estabilização de preços de produtos agrícolas e no aumento de renda dos produtores.[33] A produção energética tem sido um foco da política agrícola desde o final da década de 1970 e tem-se tornado ainda mais central com a preocupação recente sobre as mudanças climáticas.[34]

3.1 O caso do etanol

O mercado de combustíveis de etanol é profundamente dependente de incentivos federais e regulações. Esta seção apresenta um panorama dos principais instrumentos políticos federais criados para promover esse mercado.[35]

28. V. dados da Renewable Fuels Association. Disponível em: <www.ethanolrfa.org/pages/statistics>. Acesso em: 28 jun. 2010.
29. YACOBUCCI, B. D. *Cong. Research Serv., Fuel Ethanol: Background and Public Policy Issues (Rev. 2008)* (discussão sobre o impacto da expansão da indústria de etanol à base de milho nos EUA sobre os preços dos alimentos domésticos e internacionais), p. 13-17. Disponível em: <http://opencrs.com/document/RL33290/>. Acesso em: 28 jun. 2010.
30. Idem, ibidem, p. 2 (afirmando que "milho constitui cerca de 95% da matéria-prima da produção de etanol nos EUA").
31. V. *US Department of Agriculture Briefing Room on Corn Production*. Disponível em: <www.ers.usda.gov/Briefing/Corn/>. Acesso em: 28 jun. 2010.
32. V. <www.ncga.com/>, <www.ethanolrfa.org/>, <http://theenergycollective.com/>, e <www.growthenergy.org>.
33. ANGELO, op. cit., n. 23, p. 622.
34. Ide, ibidem, p.633.
35. Os produtores americanos de etanol também se beneficiam de certos subsídios estaduais, que não serão abordados neste artigo. Há também programas de subsídios regionais, como o Plano de Promoção Regional de Biocombustíveis (*Re-*

3.1.1 Subsídios a matérias-primas agrícolas

O extensivo apoio agrícola é provido pelo governo federal do EUA à produção doméstica de milho. Esses subsídios são principalmente gerenciados pelo Ato de Alimento, Conservação e Energia de 2008 (*Food, Conservation, and Energy Act*), conhecido como a Lei Agrícola de 2008 (*2008 Farm Bill*).[36] O programa de subsídios mais significativos para produtores de milho consiste em pagamentos diretos, pagamentos contracíclicos e empréstimos de mercado.[37] Esses programas são ligados à produção e podem causar efeitos adversos ao comércio. Desse modo, eles buscam métodos convencionais agrícolas de produção focados em uma *commodity*, impactando, portanto, decisões de uso do solo e do meio ambiente.

Em suma, pagamentos diretos para o milho são feitos por uma taxa de dólar americano (USD) de 0,28 por alqueire baseado no histórico de produção de milho em cada área plantada e determinado pelo governo por produção de milho.[38] A taxa de USD 0,28 por alqueire é a mesma desde a Lei Agrícola de 2002, e o volume de área plantada decaiu levemente de 85% da produção com base na área plantada na Lei Agrícola de 2002 para 83,3% na Lei Agrícola de 2008.[39] Pagamentos contracíclicos garantem que produtores de diversas *commodities* obtenham ao menos um preço de referência na venda de milho, provendo subsídios aos produtores de milho se os preços do mercado caírem

gional Biofuels Promotion Plan) que inclui os estados de Iowa, Indiana, Kansas, Michigan, Minnesota, Ohio, Dakota do Sul e Wisconsin. O plano estabelece objetivos conjuntos para a região do Meio-Oeste, incluindo o aumento da produção de biocombustíveis. Por exemplo, o plano determina que os biocombustíveis consumidos regionalmente e outros combustíveis de baixo carbono devem prover ao menos 50% dos combustíveis de transporte consumidos no Meio-Oeste até 2015. Isso indica a extensão da intervenção governamental disponível para o setor. V. *West Michigan Strategic Alliance Report on "Laws and Incentives" Relating to Biofuels*, que delimita os compromissos que o estado de Michigan e outros Estados fizeram para apoiar a produção de biocombustíveis. Disponível em: <www.wm-alliance.org/documents/publications/Laws_and_Incentives.pdf>. Acesso em: 29 Jun. 2010.

36. Public Law 110-245, aprovada em 18 jun. 2008.
37. Idem, ss 1103, 1104 e 1202.
38. Idem, s. 1103.
39. Ver a comparação das previsões das leis agrícolas de 2008 e 2002 compiladas pelo Departamento de Serviço de Pesquisa Econômica Agrícola dos EUA (US Department of Agriculture's Economic Research Service) Disponível em: <www.ers.usda.gov/FarmBill/2008/Titles/TitleIcommodities.htm>. Acesso em: 29 jun. 2010.

abaixo do preço de referência.[40] Um novo componente da Lei Agrícola de 2008 é um programa opcional chamado Programa Eleição da Média de Lucro por Colheita (*Average Crop Revenue Election* – ACRE, em inglês).[41] Produtores de milho podem optar por esse programa em vez de receber pagamentos contracíclicos e subsídios baseados na renda em vez de preços da colheita.[42] A assistência para empréstimos de mercado é provida por uma taxa de USD 1,95 por alqueire, que também se manteve da Lei Agrícola de 2002.[43]

Uma compilação recente de dados do Departamento de Agricultura dos EUA concluiu que os subsídios federais à produção de milho nos EUA baseada nesses e em outros programas totalizaram quase USD 4 bilhões em 2009 e quase USD 76 milhões pelo período de 1995 e 2009.[44]

A Lei Agrícola de 2008 aumentou o apoio aos biocombustíveis avançados, embora o nível total de apoio seja insignificante em comparação com o apoio destinado à produção de milho e de etanol à base de milho. A lei autoriza a destinação de um total de USD 1 bilhão em incentivos financeiros para apoiar biocombustíveis avançados, principalmente etanol de celulose.[45] Esse total inclui apoio à pesquisa e desenvolvimento de plantas para processar etanol de celulose, e a programas para promover o uso de biomassa como matéria-prima, mas os fundos são descritos na Lei Agrícola como "somas que se mostrarem necessárias", sem um mandato definitivo de despesas.[46]

3.1.2 Incentivos fiscais adotados para desenvolver a indústria do etanol

O tratamento fiscal preferencial à mistura de biocombustíveis começou na década de 1970, quando o governo federal dos EUA adotaram inúmeras políticas para encorajar o uso de alternativas para combustíveis fósseis importados. Entre essas políticas estavam incentivos fiscais que visavam principalmente ao uso de combustíveis de álcool derivado de materiais de biomassa. O

40. O preço alvo do milho na Lei Agrícola de 2008 manteve-se o mesmo da Lei de 2002, USD2,63 por alqueire. Idem, ibidem.
41. Farm Bill, supra, n. 18, s. 1105.
42. Idem, ibidem.
43. Comparação das previsões das Leis Agrícolas de 2008 e 2002, supra n. 38.
44. Base de dados de subsídios agrícolas compilados pelo Grupo de Trabalho do Meio Ambiente. Disponível em: <http://farm.ewg.org/progdetail.php?fips¼00000&progcode¼corn>. Acesso em: 29 jun. 2010.
45. CAPEHART, T. *CRS Report for Congress, Renewable Energy Policy in the 2008 Farm Bill, Order Code RL 34130* (Rev. 1 Aug. 2008).
46. Lei Agrícola de 2008, supra, n. 18, s. 9011.

atual crédito à mistura de gasolina com etanol originou-se no Ato Fiscal de Energia de 1978 (*Energy Tax Act of 1978*), que isentou as vendas de gasolina com mistura de ao menos 10% de álcool de imposto de USD 0,04 por galão de gasolina.[47]

O incentivo original era promover o desenvolvimento de fontes alternativas de combustível para transportes automobilísticos. Como explicado no Relatório do Senado americano de 1978:

> "O comitê considera importante encorajar o desenvolvimento de fontes energéticas diversas dos produtos à base de petróleo. Em particular, é importante desenvolver produtos que podem reduzir o uso desses produtos no transporte automotivo [...] É apropriado encorajar sua produção provendo 'gasohol', a mistura de gasolina e álcool, com um tratamento mais favorável em face do imposto federal de consumo de combustíveis do que a gasolina e combustíveis à base de petróleo" (tradução livre).[48]

Apoiadores também afirmaram que os incentivos fiscais reduziriam a dependência dos EUA ao petróleo importado e ajudariam a apoiar o lucro dos produtores, criando um mercado adicional para os produtos agrícolas a partir dos quais o álcool pode ser produzido, como, por exemplo, o milho.[49]

A Lei de imposto sob lucro sob ganhos inesperados do petróleo bruto (*Crude Oil Windfall Profit Tax Act)* de 1980 introduziu um adicional ao crédito

47. *The Energy Tax Act of 1978*, Public Law 618, 95th Congress, aprovada no dia 9 de novembro de 1978. V. também Treasury Decision 7629, Title 26 – Internal Revenue – Chapter 1, Subchapter D, Part 138 – Temporary Excise Tax Regulations under the Energy Tax Act of 1978, 1979-2 C.B. 363, T.D. 7629, 1979 IRB LEXIS 776 (Julho de 1979). A venda de gasolina para mistura não era isenta a não ser quando em grandes quantidades para um produtor registrado. V. 26 C.F.R. s. 138.408(a) (1979). Reembolsos e créditos não estavam disponíveis para gasolinas usadas para misturas, a não ser quando usados para produzir a mistura contendo mais de 40% de álcool. 26 C.F.R. s. 138.408(f) (1979).
48. No original em inglês, lê-se: "The committee considers it important to encourage the development of energy sources other than petroleum products. In particular, it is important to develop products which can reduce the use of petroleum products in automobile transportation. [...] [I]t is appropriate to encourage their production by providing gasohol, that is [...] gasoline-ethanol blends, with a more favorable treatment under the Federal fuels excise tax than gasoline and petroleum-based fuels". Senate Report n. 95-529, 45 (1978), reimpresso em 1978 USCCAN, 7941, 7982.
49. V. US General Accounting Office, Report to the Chairman, Committee on Ways and Means, House of Representatives, *Effects of the Alcohol Fuel Tax Incentives* 1, GAO/GGD-97-41 Tax Policy (Mar. 1997).

de imposto de renda para situações em que a isenção do imposto especial para consumo estivesse indisponível. Em particular, o Congresso norte-americano estava preocupado com a falta de "incentivos para usuários isentos de impostos, ou pessoas que compram para fins de isenção fiscal, para usar *gasohol* como substituto da gasolina regular ou diesel (visto que o imposto de consumo é cobrado nos dois casos)".[50] Portanto, adicionar a isenção ao imposto de renda fez a mistura de gasolina com etanol atrativa a um grande número de usuários potenciais.

A Lei de imposto sob lucro sob ganhos inesperados do petróleo bruto *Crude Oil Windfall Profit Tax Act* de 1980 também instruiu o Departamento do Tesouro Americano a conduzir um estudo para determinar formas de discriminar as importações de etanol.[51] Em 17 de novembro de 1980, o Tesouro publicou o Relatório de Importações dos EUA de Combustível de Álcool (*Report on US Imports of Fuel Alcohol*).[52] O relatório afirma que medidas de importação restritivas eram necessárias, mas tiveram que ser consideradas à luz das obrigações internacionais dos EUA. De acordo com o Tesouro americano, "tratamento fiscal diferenciado para etanol de origem doméstica e internacional seria uma violação clara ao Artigo III do GATT", e os EUA deveriam revisar seus compromissos tarifários sob o Artigo XXVIII do GATT".[53] Em resposta, o Senado americano introduziu legislação para impor tarifa às

50. *Crude Oil Windfall Profit Tax Act of 1980* (Pub. Law 96-223), Senate Report n. 96-394, 91, reprinted in 1980 USCCAN, 500.
51. O ato providencia o que segue:

    "(f) ESTUDO DE ÁLCOOL IMPORTADO – Dentro de 180 dias após a data da promulgação deste ato, a Secretária da Tesouraria deverá fornecer ao Comitê de Finanças do Senado dos EUA [*Committee on Finance of the U.S. Senate*] e ao Comitê de Métodos e Meios da Casa de Representantes dos EUA [*Committee on Ways and Means of the U.S. House of Representatives*] para que métodos, se algum, possam ser usados para limitar as importações do álcool nos EUA, para fins de combustível, incluindo, mas não limitado a:

    (1) negação da isenção sob a seção 4081 (c) e 4041 (k) do código interno de receita de 1954 ou do crédito sob a seção 44E do mesmo código para combustíveis produzidos de álcool importado,

    (2) cotas de importações e impostos para o álcool, e

    (3) vigilância rigorosa destas importações para monitorar efeitos na indústria doméstica de combustível".
52. Department of the Treasury, Report on US Imports of Fuel Alcohol, Submitted to the Committee on Finance, US Senate, and the Committee on Ways and Means, US House of Representatives, 17 Nov. 1980.
53. Idem, ibidem, p. 31-33 (tradução livre).

importações de álcool etílico quando usado como combustível. Uma alíquota adicional de importação de USD 0,10 por galão entrou em vigor em 1.o de janeiro de 1981.[54]

Fontes no Congresso indicam que o imposto foi colocado para "compensar a isenção ao imposto de *gasohol* feito de álcool importado".[55]

A tarifa adicional de USD 0,1427 por litro, correspondia a aproximadamente USD 0,54 por galão[56] e coincidia com os créditos fiscais que incentivavam o consumo do etanol nas misturas de combustíveis com álcool. Os dois mecanismos expiraram no final de 2010.

3.1.3 O Renewable Fuel Standard (RFS)

O Ato de Política Energética de 2005 (*Energy Policy Act of 2005*) requeria o uso de ao menos 4 bilhões de galões de combustível renovável em 2006, aumentando a cada ano até atingir 7,5 bilhões de galões em 2012.[57] Essa provisão é conhecida por *Renewabel Fuel Standard* (RFS) ou Padrão de Combustível Renovável, em português.[58] O RFS foi expandido significativamente e estendido pela Lei de Independência Energética e Segurança (*Energy Independence and Security Act of 2007*), requerendo ao menos 9 bilhões de galões de combustível renovável em 2008, aumentando para 36 bilhões de galões em 2022.[59] Inicialmente, o etanol preencheu quase todos os requisitos para combustíveis renováveis do RFS.[60] Entretanto, em adição ao aumento da quantidade de combustíveis renováveis requisitada, a revisão de 2007 do RFS adicionou especificações relacionadas ao tipo de combustível renovável que poderia satisfazer seus requisitos.[61] Essa previsão requeria um aumento da parcela de requisitos

54. Ato de Reconciliação Omnibus de 5 de Dez. de 1980, que emendou os compromissos tarifários dos Estado Unidos (TSUS) Em vigor desde 1 de jan. 1981.
55. Summary of Key Features of the Conference Agreement on H.R. 7765, reprinted in Cong. Rec. S 15336 (daily ed. 3 Dec. 1980).
56. Idem, ibidem. Um galão nos EUA corresponde a ¼ 3.78541178 litros. 14.27 · 3.78541178 ¼ 54.0178261006.
57. *Energy Policy Act of 2005*, Pub. L. n. 109-58, 119 Stat. 594, s. 1501.
58. Idem, ibidem.
59. *Energy Independence and Security Act of 2007*, Pub. L. n. 110-140, 121 Stat. 1498, s. 202.
60. Cf. YACOBUCCI, op. cit., que alega que o "milho constitui cerca de 95% da matéria-prima para a produção de etanol nos EUA".
61. *Energy Independence and Security Act of 2007*, Pub. L. n. 110-140, 121 Stat. 1498, s. 202.

de combustíveis renováveis para ser composta por biocombustíveis avançados, definidos como: (1) que não é feito de amido de milho e (2) tem 50% a menos de ciclo de vida de emissões de gases de efeito estufa que combustíveis a base de petróleo.[62]

O Ato de 2007 só definiu essas duas recomendações gerais, e deixou ao Administrador da Agência de Proteção ao Meio Ambiente (*Environmental Protection Agency* – EPA, em inglês) a tarefa de determinar que combustíveis qualificam-se como avançados. A EPA liberou o Regulamento Final a esse respeito em 26 de março de 2010.[63] Esse Regulamento Final confirmou que o etanol à base de milho qualifica-se como combustível renovável, mas não avançado.[64] O Regulamento Final também estabeleceu que o etanol feito a base de cana de açúcar se qualifica como combustível avançado.[65] Portanto, o etanol à base de cana de açúcar pode ir ao encontro dos requisitos do RFS para biocombustíveis avançados, que pode chegar a 21 bilhões de galões em 2022.[66] Esse Regulamento estabelece as bases para as condições de acesso a mercado para etanol na próxima década, sendo que o etanol com base em cana de açúcar do Brasil é qualificado para suprir a demanda de consumo criada pelo RFS.

4. A EFETIVIDADE DAS REGRAS DE COMÉRCIO INTERNACIONAL EM DISCIPLINAR A POLÍTICA DOS EUA VOLTADA A PROMOÇÃO DO ETANOL PROVENIENTE DO MILHO

A seção anterior apresentou a extensão da intervenção governamental em todos os níveis de produção e consumo de etanol dos EUA. Certos instrumentos políticos, principalmente subsídios e tarifas adicionais de importação, são altamente distorcivos e têm como efeito isolar o produtor de milho e de etanol doas variações de mercado. O comércio internacional de etanol tem se expandido rapidamente, mas enquanto o governo cria demanda para esse produto, abre uma oportunidade de aumento de fluxos de comércio Norte-Sul e, com isso, barreiras ao comércio reduzem esse potencial. A Agência Internacional

62. Idem, ibidem.
63. Regulation of Fuels and Fuel Additives: Changes to Renewable Fuel Standard Program; Final Rule, 75 Fed. Reg. 14669 (26 Mar. 2010) (a ser codificado em 40 C.F.R. pt. 80).
64. Idem, ibidem.
65. Idem, 14711.
66. *Energy Independence and Security Act of 2007*, Pub. L. n. 110-140, 121 Stat. 1498, s. 202.

de Energia (AIE) considera o subsídio umas das maiores barreiras ao comércio que restringem o potencial do comércio global de etanol.[67]

Esta seção examinará a efetividade das regras da OMC para disciplinar os efeitos distorcivos ao comércio da política americana de etanol. Será apresentado um quadro para estudo da efetividade do sistema da OMC, baseado na verificação da realidade dos subsídios concedidos para matérias-primas agrícolas (i.e., milho) e em tarifas adicionais à importação.

O etanol é classificado como um produto agrícola no Capítulo 22 do Sistema Harmonizado (SH)[68] e, portanto, está sujeito às disciplinas internacionais que regulam o comércio de produtos agrícolas. O Anexo 1.1 do AsA da OMC define como produtos abrangidos pelo acordo, aqueles inclusos nesse capítulo, portanto o etanol está sujeito a regras especiais que regulam o comércio internacional de agricultura e a regras gerais aplicadas ao comércio de bens, incluindo o ASMC. Os acordos da OMC são os primeiros regimes internacionais que disciplinam o setor agrícola. Outras regras negociadas em nível bilateral ou regional, esquemas de certificação e outras legislações podem afetar o comércio global, mas a OMC é o único órgão internacional que regula o setor de forma sistemática e abrangente.[69]

O AsA iniciou um processo de reforma do comércio agrícola para estabelecer um sistema de comércio justo e sujeitos às alterações de mercado. Essa reforma foi feita para facilitar a redução progressiva das formas de apoio mais distorcivas ao comércio e de outras formas de proteção, de modo a corrigir e prevenir restrições e distorções nos mercados agrícolas mundiais. Portanto, o sistema da OMC almeja implementar mudanças necessárias nas políticas domésticas agrícolas, de modo a criar condições para um setor agrícola aberto, justo e guiado pelo mercado. O grau de efetividade do sistema vai depender, em grande parte,da extensão com que governos nacionais mudam suas políticas domésticas para alinhá-las aos compromissos e objetivos acordados em nível internacional. Os objetivos relevantes para o presente estudo são a liberalização progressiva de políticas domésticas, a redução geral dos níveis de apoio doméstico e a mudança na forma de apoio, distanciando-se das formas mais distorcivas, ou seja, subsídios ligados à produção.

67. V. IEA, World Energy Outlook (2006), 417.
68. O etanol é classificado de acordo com a sua composição química como *undenatured* (HS 220710) ou *denatured* (HS 220710).
69. A OMC, atualmente, tem 160 membros, que têm que obedecer aos compromissos assumidos sob os acordos da OMC e cronogramas de concessões.

4.1 *A noção de efetividade no Direito Internacional Econômico*

O estudo da efetividade abrange a relação entre lei e realidade. Dois fatores que influenciam a extensão da efetividade de um regime legal internacional são: a descentralização da comunidade internacional e a distribuição assimétrica de poder entre os Membros da comunidade. Operar um regime legal criado para promover e proteger valores comuns escolhidos pela comunidade internacional *vis-à-vis* os interesses conflitantes de atores do sistema é um dos principais desafios enfrentados pelo direito internacional atual.

A efetividade, como uma das dimensões da experiência legal, é, portanto, essencialmente mutável, especialmente no âmbito internacional. A força do impacto do direito internacional na comunidade global não é estática e constante, mas mutável de acordo com o tópico e os contextos político e econômico, entre outros fatores que são exógenos ao sistema legal.

A noção de efetividade adotada neste artigo visa ao exame da extensão com que certo sistema de direito internacional,[70] nesse caso o sistema da OMC e, especialmente, as disciplinas de comércio agrícola, têm sido bem-sucedidas em mudar a conduta e o comportamento dos Estados de acordo com o sistema de regras e objetivos.

O AsA estabelece algumas disciplinas que permitem a "redução progressiva e substancial de apoio à agricultura e proteção por um período de tempo acordado".[71] Essas disciplinas têm, portanto, natureza promocional, na medida que têm o objetivo de criar condições futuras e liberalização progressiva do comércio agrícola. O regime será efetivo se for capaz de induzir as mudanças necessárias no comportamento dos Membros da OMC, de modo a corrigir e prevenir restrições no comércio global agrícola.

Portanto, o exame da efetividade de um regime internacional implica uma análise da conduta ou comportamento de um Membro. Uma análise cui-

70. Diversas teorias foram elaboradas para explicar o comportamento dos Estados quando confrontados com disciplinas e decisões das organizações internacionais. Alguns autores utilizam metodologias e conceitos desenvolvidos nos campos de Relações Internacionais e Ciências Sociais para avaliar esse comportamento. V.: YOUNG, O. R.; LEVY, M. A. The effectiveness of international environmental regimes, in: YOUNG, O. R. (ed.). *The effectiveness of international environmental regimes: causal connections and behavioral mechanisms*, 1999; RAUSTIALA, K. Compliance & effectiveness in international regulatory cooperation, *Case Western Reserve Journal of International Law* 32, 2000, p. 387-440; SCHWEBEL, S. M. *The effectiveness of international decisions*, 1971.
71. V. 3.o Preâmbulo do AsA.

dadosa das políticas domésticas indicará a extensão com que as disciplinas domésticas justificam a criação do regime.

A noção de efetividade usada neste artigo difere de conformidade (*compliance*), que é definida como o comportamento de acordo com as regras legais.[72] Essa distinção é relevante para o presente artigo, por conta da dificuldade histórica da regulação do setor agrícola, resultando na adoção de um critério regulatório mais flexível, capaz de acomodar os interesses de Membros poderosos do sistema. Por exemplo, a metodologia adotada para calcular as medidas de apoio doméstico cria algumas lacunas e mantém certos programas distorcivos ao comércio fora do grupo de medidas sujeitas aos compromissos de redução (a chamada *amber-box*). As evidências mostram que os Membros da OMC têm sido capazes de modificar políticas nacionais em um formato que dá uma aparência de conformidade, embora os níveis de apoio tenham aumentado em certos anos do programa de reforma.[73]

De fato, o estabelecimento de critérios frágeis é um dos métodos que os governos nacionais têm para assegurar o cumprimento dos tratados internacionais sem incorrer em custos políticos para induzir difíceis reformas a nível nacional. No contexto de cooperação internacional, com o objetivo de criar condições justas e igualitárias para o comércio agrícola, uma investigação limitada ao cumprimento das políticas domésticas com compromissos negociáveis pode levar a conclusões erradas quanto ao nível real de liberalização.

Como o AsA tem natureza promocional, somente por um exame cuidadoso das políticas domésticas dos Membros é possível identificar como a natureza do apoio tem mudado progressivamente para formas menos distorcivas.

4.2 A política de biocombustíveis dos EUA e as regras de comércio internacional

4.2.1 Subsídios a matérias-primas agrícolas

Como mencionando anteriormente, a produção de milho nos EUA beneficia-se de inúmeros subsídios do governo federal, que são atualmente autorizados pela Lei Agrícola norte-americana. Esses subsídios encontram-se no Título I (Programas de *Commodity*), que estabelecem os principais programas

72. RAUSTIALA, op. cit., p. 387-388.

73. O relatório do Painel no *US – Cotton* inclui dados do volume de apoio doméstico fornecido pelos EUA aos produtores de algodão, que eram bem superiores aos volumes notificados à OMC.

que têm apoiado certas *commodities*.[74] Entre esses programas, os pagamentos diretos, os pagamentos contracíclicos e os pagamentos de empréstimos de marketing se destacam.[75]

Esses programas já foram revisados pelo OSC da OMC no contexto da disputa *US – Cotton*. Nesse caso, os relatórios do Painel e do Órgão de Apelação esclareceram a verdadeira natureza ou potencial distorcivo dessas medidas. As condições de pagamento de subsídios diretos sob o cumprimento das limitações de flexibilidade de plantio de certos produtos para produtores unem-se à flexibilidade de produzir outros produtos. Nessa base, o Painel de *US – Cotton*, como mantido pelo Órgão de Apelação, concluiu que a quantidade de pagamentos sob esse programa está relacionado ao tipo de produção empreendido por certos produtos após o período de base, de acordo com o Anexo 2, parágrafo 6(b), do AsA. Como resultado, os pagamentos diretos não são apoios dissociados da renda, de acordo com o parágrafo 6, não são medidas Green Box, exceto pelos compromissos de redução em virtude do Anexo 2 do AsA.[76]

Os outros dois programas – programa de pagamento contracíclico e pagamentos de empréstimos de marketing – foram considerados, no contexto de subsídios acionáveis na Parte III do ASMC. Essas medidas foram consideradas subsídios pela definição do art. 1.1(a) e (b) do Acordo[77] e considerados específicos sob os art. 2.1(a) e/ou 2.3 do Acordo.[78] O Painel ainda concluiu que esses são subsídios de preços contingentes mandatórios e que há nexo causal entre essas medidas e os efeitos colaterais determinadas no contexto da disputa.[79]

A decisão *US – Cotton* expõe a natureza distorciva do comércio de programas-chaves de *commodities* que beneficiam o algodão, o açúcar e outros produtos. Logo, o nível de apoio autorizado a esses programas foi aumentado pela Lei Agrícola de 2008. Notavelmente, a Lei foi promulgada após o OSC ter adotado os relatórios do Painel e do Órgão de Apelação que confirmaram os efeitos e distorções causadas por essas medidas de apoio doméstico na produção e no comércio.

74. A Lei Agrícola de 2008 define "*commodities* abrangidas" como trigo, sorgo, cevada, aveia, algodão herbáceo, arroz de grão longo, arroz de grão médio, *pulse crops*, soja, outras oleaginosas. Lei Agrícola de 2008, supra n. 18, s. 1001.
75. V. discussão supra, s. 3.1.1.
76. Relatório do Órgão de Apelação, *US – Subsidies on Upland Cotton* (WT/DS267/AB/R), par. 311–340.
77. Idem, ibidem, Relatório do Painel, par. 7.1120.
78. Idem, ibidem, Relatório do Painel, par. 7.1138, 7.1142 e 7.1145–7.1148.
79. Idem, ibidem, Relatório do Painel, par. 7.1347–7.1355. V. também a decisão do Painel sobre o Art. 21.5 do ESC.

Além dessas medidas, a Lei Agrícola de 2008 incluiu apoio ao açúcar, matéria-prima do etanol, como alternativa ao milho. A Seção 9010 (Título de Energia) da Lei Agrícola cria o "Programa de Flexibilidade a Matérias-primas para Produtores de Biocombustíveis" (*Feedstock Flexibility Program for Bioenergy Producers*) que é comumente descrito como o Programa Açúcar a Etanol (*Sugar-to-Ethanol Program*). Em particular, a Seção 9010 prova, em parte relevante, que para as colheitas de 2008 a 2012, "o Secretário deve comprar as *commodities* elegíveis [limitadas a açúcar cru, refinado ou processado] de entidades elegíveis e vendê-las aos produtores de bioenergia com o propósito de produzir bioenergia, de modo a assegurar que a seção 156 da Lei de Reforma e Melhoria da Agricultura Federal [*Federal Agriculture Improvement and Reform Act*] seja operada sem custo para o Governo Federal, evitando confiscos para Corporação de Crédito a *Commodity* [*Commodity Credit Corporation*]".[80]

Na prática, esse programa requer que o Departamento de Agricultura dos EUA (USDA) compre açúcar próprio para consumo humano que seria confiscado pela Corporação de Crédito a *Commodity* (CCC). O USDA deve, portanto, vender o açúcar a produtores de bioenergia ou descartá-lo por outros meios específicos para assegurar que o Programa de Açúcar dos EUA opere sem custos de rede para o Governo americano. O USDA também está encarregado de coordenar os fundos de CCC, se necessário.

O primeiro mercado para esses açúcares provavelmente seriam as instalações de etanol à base de milho seguidas de açúcar de beterraba e áreas de produção de cana de açúcar (e.g., Meio-Oeste Superior e Havaí); produtores de etanol de milho nos EUA continental precisariam provavelmente de ajuda em seu processo de fermentação e/ou investimentos em novos equipamentos para manusear o açúcar. Como resultado, pode não haver grande interesse na compra de açúcar como matéria-prima, a menos que o preço tenha desconto significativo, ainda mais por meio de grandes quantidades de subsídios.[81] O Escritório de Orçamento do Congresso (Congressional Budget Office) estima que esse programa aumentaria a demanda por açúcar e reduziria o custo do Programa de Açúcar em si.[82]

O Programa Açúcar a Etanol não foi implementado pelo USDA. No entanto, uma consideração preliminar dessa medida ressalta seu potencial em violar as regras da OMC. Como os preços de açúcar nos EUA são muito altos

80. V. Lei Agrícola de 2008, supra, n. 18, s. 9010 (b).
81. JURENAS, R. *CRS Report for Congress, Sugar Policy and the 2007 Farm Bill*, 10, 13, Order Code RL 34103, 10 (Rev. 12 Sep. 2008).
82. Idem, ibidem.

para concorrer com o milho como matéria-prima para o etanol, o Programa Açúcar a Etanol poderia colocar o USDA como comprador do açúcar dos EUA pelo preço doméstico dessa *commodity* (mantido a níveis extremamente altos pelas medidas de apoio de preço de mercado) para então viabilizar a venda aos produtores de etanol americanos a um preço comparável ao de milho (presumivelmente ajustando por diferenças no rendimento na produção de etanol), para induzir a produtores de etanol dos EUA a diversificar suas fontes de matérias-primas, substituindo o milho por açúcar.

A extensão do apoio disponível para produzir matéria-prima de etanol e reduzir os custos dessas entradas de produtores de etanol indica que as regras internacionais de comércio não foram capazes de induzir reduções progressivas no apoio oferecido à indústria de etanol dos EUA. Mais importante, uma revisão cuidadosa dessas medidas indica que os EUA não reformaram suas políticas agrícolas de acordo com os compromissos de apoio doméstico da OMC.

A magnitude dos subsídios é tão grande que um relatório oficial pelo Serviço de Pesquisa do Congresso dos EUA reconheceu que subsídios sozinhos são suficientes para cobrir todos os custos de produção de certas *commodities*, incluindo milho.[83] Com isso, baseado nas notificações submetidas pelos EUA à OMC, o desembolso médio de renda distorciva ao comércio está dentro dos limites fornecidos pelos compromissos dos EUA. Isso mostra que as notificações dos Membros da OMC podem mascarar a realidade por trás da extensão da reforma agrícola doméstica.[84]

Há, portanto, uma discrepância entre os dados fornecidos pelo governo dos EUA na OMC, baseados no critério regulatório do AsA e o alto nível de desembolso anual. Como notado, a disputa de *US – Cotton* mostrou a realidade por dos dados apresentados, deixando clara a verdadeira relação entre a política agrícola americana e as regras da OMC. O Brasil provou que os dois programas – Contratos Flexíveis de Produção (*Production Flexibility Contracts* – PFC) e seu sucessor pagamentos diretos – notificados pelos EUA como medidas *Green Box* não satisfaziam os requisitos descritos no Anexo 2 do AsA. Consequentemente, essas medidas foram erroneamente enquadradas nessa categoria e não podiam ser isentas dos compromissos de redução. Notavelmente, esses dois programas contavam com o maior volume de despesas orçamentárias entre 1996 e 2006. [85]

83. *CRS Report for Congress, Potential Challenges to US Farm Subsidies in the WTO: Report for Congress*, 25 Oct. 2006.

84. V. *Compliance with Notification Obligations. Note by the Secretariat to the WTO Committee on Agriculture* (2010).

85. Idem, ibidem, p. 21.

Assim, os dados revisados não indicam nenhuma grande mudança no comportamento americano que levaria a uma reforma no comércio agrícola por meio de reduções progressivas nos subsídios domésticos.

As falhas dos critérios regulatórios adotados no AsA poderiam ser reduzidas se um sistema efetivo de monitoramento estivesse previsto nos acordos da OMC. Entre as questões identificadas, as seguintes devem ser destacadas:[86]

i. há muita flexibilidade para classificar programas de subsídios em categorias que estão isentas de compromissos de redução;[87]

ii. as medidas Blue Box causam distorções comerciais, mas são excluídas dos compromissos de redução;

iii. há amplos critérios para definir medidas Green Box, que permitem a inclusão de práticas distorcivas ao comércio;

iv. o período-base usado para calcular a redução de compromissos corresponde aos anos de colheita, período de grande apoio (1986-1988), o que limita o escopo da reforma;

v. a mensuração agregada de apoio (Aggregate Measurement of Support - AMS), em oposição ao apoio a produtos específicos, permite pagamentos centralizados em certas commodities, e não ajuda a trazer uma liberalização real para o setor; e

vi. a metodologia de cálculo do apoio ao preço de mercado baseado em preços cobrados durante o período de referência (1986-1988) permite que os resultados sejam manipulados.

Além disso, é importante avaliar se os remédios estabelecidos pelo ASMC para tratar dos efeitos distorcivos ao comércio dessas medidas de apoio doméstico são efetivos.[88] Os precedentes[89] da OMC indicam que recorrer às disciplinas estabelecidas na Parte III do ASMC é uma forma célere que impõe um

86. As conclusões apresentadas aqui são primordialmente baseadas no livro *Subsídios agrícolas. Regulações internacional*, publicada pela autora deste artigo em 2009.

87. chamado pelos profissionais de "*Box shifting*", uma alteração nas caixas que tem um efeito limitante no escopo da redução real dos níveis de apoio.

88. O AsA não aborda os efeitos distorcivos do apoio doméstico à agricultura. O recurso ao ASCM está autorizado, por meio da"cláusula da paz" (Art. 13 da AoA), que expirou.

89. V, em particular, o Relatório do Painel da OMC, *European Communities and Certain Member States - Measures Affecting Trade in Large Civil Aircraft* (*EU - Aircraft*), WT/DS316/R, circulado em 30 Jun. 2010, e *US - Cotton*.

fardo pesado à parte que inicia a disputa para mostrar os efeitos adversos das medidas, assim como o nexo causal entre os subsídios e esses efeitos.

A jurisprudência da OMC evidencia o desafio de provar os efeitos adversos dos subsídios. O problema é que os critérios regulatórios são amplos e o ASMC dão poucas instruções de como devem ser aplicados na prática. O direito de ação é desencadeado pela prova dos efeitos, que aumentam o fardo do reclamante, especialmente nos casos de países em desenvolvimento. Os efeitos das disciplinas são:[90] deslocamento ou impedimento de importações de um produto similar no mercado do Membro subsidiado; deslocamento ou impedimento de exportações de um produto similar de mercados de terceiros países; cortes significativos de preço, supressão, depressão ou perda de vendas no mesmo mercado; e aumento na parcela de mercado global do Membro subsidiador em uma *commodity*.

Notavelmente, o ASMC dá poucas diretrizes quanto ao modo de aplicação desses critérios regulatórios pelo Painel. Quando defrontados com muitos dados submetidos pelas partes, os Painéis decidem como interpretar os critérios relevantes à luz dos fatos dos casos. A jurisprudência da OMC em subsídios acionáveis evoluiu ao longo dos anos, por conta da falta de diretrizes que afetam a previsibilidade do sistema e aumenta a quantidade de informações necessárias a serem apresentadas pelo reclamante para provar seu ponto. Essa questão também é apresentada durante a fase de implementação dos casos da OMC, nos quais medidas compensatórias são definidas com base nos efeitos adversos dos subsídios. Como a experiência do caso do algodão indica, a parte reclamante é instada a continuar a provar os efeitos adversos dos subsídios acionáveis, e o nexo causal entre os subsídios e os efeitos alegados diante do Painel estabelecido sob o Art. 21.5 do ESC.

A disputa do algodão é certamente um marco que ilustra os desafios de trazer um caso bem-sucedido de subsídios acionáveis contra medidas de apoio doméstico, assim como os limites dos procedimentos de aplicação estabelecidos pelo ESC, particularmente em disputas envolvendo questões domésticas controversas. As contribuições desses casos para o direito da OMC são extensas: chamaram a atenção para as falhas do sistema regulatório da OMC, especialmente a metodologia complexa adotada pelo AsA em disciplinar as medidas domésticas; expuseram a natureza distorciva dos programas americanos de *commodities*; induziram mudanças por meio de implementações parciais dos EUA às decisões do OSC; e as partes continuam a negociar uma solução

90. V. Art. 6.3 ASMC.

mutuamente satisfatória à disputa.[91] Além disso, as decisões influenciaram as posições no contexto da Rodada Doha de negociações.

Isso indica que os remédios disponíveis sob o ASMC funcionam e podem efetivamente trazer mudanças. O custo e extensão dos procedimentos da OMC e os desafios de implementação limitam a efetividade desses remédios, o que é importante para continuar a buscar alternativas para superar essas limitações. Isso é relevante na medida em que os subsídios disponíveis para matérias-primas agrícolas são usados na produção de biocombustíveis.

Como as reduções progressivas de subsídios distorcivos à agricultura apresentam grandes benefícios sociais, ambientais e econômicos à sociedade global, um regime regulatório internacional efetivo pode ser considerado um bem comum, que irá criar as condições para um comércio agrícola global mais igualitário e práticas de apoio sustentável ao redor do mundo.

5. DESAFIOS: COMO ADOTAR DISCIPLINAS INTERNACIONAIS MAIS EFETIVAS?

5.1 Em direção a um regime mais efetivo na OMC

Esta seção considera opções para melhorar a eficácia do controle internacional sobre as políticas agrícolas. A história do protecionismo agrícola, a revisão de certas políticas domésticas implementadas para enfrentar as mudanças climáticas, e também o prospecto de intervenções crescentes no setor, indicam que objetivos políticos legítimos podem continuar a ser usados para mascarar o protecionismo agrícola.

Essa realidade é particularmente problemática, visto que as mudanças climáticas pedem por mudanças urgentes no processo produtivo agrícola e sua adaptação para promover práticas mais sustentáveis.

As políticas agrícolas atuais e antigas nos levaram a um cenário no qual a agricultura tornou-se uma fonte importante de emissões de gases de efeito estufa e degradação ambiental. Um relatório do Serviço de Pesquisa do Congresso americano sumariza as preocupações apontadas neste artigo sobre os efeitos das políticas agrícolas sobre o meio ambiente:

> "[...] produtores e outros que se intitulam adeptos da agricultura sustentável também afirmam que programas de apoio à produção de commo-

91. No dia 17 de junho de 2010, Brasil e os EUA chegaram a uma solução mutuamente acordada para a disputa. Disponível em: <www.ustr.gov/about-us/press-office/press-releases/2010/june/us-brazil-agree-framework-regarding-wtocotton-dispute>. Acesso em: 1.o jul. 2010.

dities agrícolas têm agido como barreiras para maior difusão e adoção de práticas sustentáveis. Eles sustentam que a agricultura sustentável promove a produção em fazendas de pequeno e médio porte e diminui a tendência de aumento de produções não diversificadas associadas a riscos ao meio ambiente (...). Opositores afirmam que a adoção disseminada levaria a uma diminuição do lucro do produtor e à diminuição da produtividade, ao aumento dos preços dos alimentos, ao aumento dos acres para a produção (em detrimento da vida selvagem e do meio ambiente) e requer um retorno para unidades produtivas menores e com trabalho mais intensivo na produção" (tradução livre).[92]

Portanto, faz-se necessária a mudança no padrão das políticas agrícolas para criar os incentivos necessários e condições para o estabelecimento de práticas agrícolas mais sustentáveis. Como a história da política agrícola e do comércio indicam que os objetivos legítimos de políticas foram usados com frequência para manter interesses especiais de produtores de um determinado pais ou região, as disciplinas internacionais devem ser reforçadas para aumentar a transparência e coordenação e induzir a uma reforma real das políticas domésticas.

5.2 O sucesso das experiências regulatórias no direito internacional

A experiência mostra que o cumprimento das obrigações de um tratado é normalmente imperfeita, e os instrumentos criados para promover a cooperação no campo dos direitos humanos, a citar, podem não ser apropriados quando aplicados ao Direito Internacional Econômico. Isso se dá em razão dos acordos internacionais representarem uma "estratégia regulatória exógena"[93]

92. No original, lê-se: "[...] farmers and others who label themselves sustainable agriculture adherents also assert that the Federal commodity price and income support programs have acted as barriers to more widespread adoption of these practices. They maintain that sustainable agriculture promotes the economic sustainability of small and mid-sized farms and slows the trend to large, nondiversified operations with associated environmental hazards and loss of rural economic activity. Opponents argue that widespread adoption would lead to lower farm income and decreased productivity, raise domestic food prices, force more marginal acres into production (to the detriment of wildlife and the environment), and require a return to smaller and more labor-intensive farm units". RAWSON, J. W. *CRS Report to Congress*, Sustainable Agriculture 1, Order Code 95-1062 (25 Oct. 1995).

93. Raustiala (op. cit.) afirma: "dado que os Estados são criadores de leis e tratados internacionais, uma estratégia regulatória endógena, talvez não seja surpreendente

e os mecanismos que motivaram a cooperação no campo do meio ambiente, do controle de armas ou dos direitos humanos não serem apropriados para controlar ou reduzir subsídios, por exemplo. De acordo com Robert Putnam, os governos nacionais tentam maximizar sua habilidade de atender a demanda doméstica quando negociam compromissos internacionais.[94] Em áreas em que a noção de compartilhamento de preocupações comuns existe, como poluição transfronteiriça, a cooperação internacional deve ser mais fácil e a pressão exercida pela sociedade civil internacional deve substituir os governos nacionais em uma posição mais confortável para ajustar interesses domésticos especiais.

A interdependência cria um incentivo adicional para a cooperação. O maior desafio é identificar os instrumentos para buscar e encorajar a cooperação. O Protocolo de Montreal sobre Substâncias que Destroem a Camada de Ozônio é uma experiência regulatória bem-sucedida no direito internacional. O protocolo introduz ferramentas com o objetivo de reduzir progressivamente a produção e o consumo de substâncias que destroem a camada de ozônio. Por conta de sua popularidade e recorde de conformidade, o Protocolo é considerado uma das experiências regulatórias internacionais mais bem-sucedidas.[95] É um exemplo de como o regime internacional teve papel central na mudança do comportamento dos Estados.

Transparência, sistemas de monitoramento e sanções são mecanismos que encorajam a cooperação e contribuem para a efetividade dos regimes legais internacionais. Esses mecanismos de incentivo podem ter um papel importante em induzir uma mudança desejada de comportamento, principalmente aqueles que impõe altos custos políticos em nível nacional.[96]

Na área de regulação de subsídios, o regime de Controle de Ajuda Estatal da UE é uma experiência regulatória bem-sucedida, que pode ser considera-

que muitos tratados demandem pouco de seus signatários".

94. PUTNAM, R. D. Diplomacy and domestic politics: the logic of two-level games. *International Organization* 42, n. 3, 1988, p. 430.

95. Idem, ibidem.

96. No contexto da retaliação, a ameaça de impor medidas na área de direitos de propriedade intelectual e econômico, o impacto dessas medidas em setores-chave das indústrias dos EUA, como o farmacêutico e de entretenimento, mobilizaram o governo americano para chegar a um compromisso com o governo do Brasil e com interesse para continuar a negociar uma solução positiva para a disputa internacional em andamento, iniciada em 2002. V. Resolução CAMEX 43, de 17 de maio de 2010, que prorroga a imposição de medidas até 2012, enquanto as partes negociavam uma solução comumente acordada para essa longa disputa.

da no contexto de análise de possíveis alternativas para reforçar o regime da OMC.

O desenvolvimento de um sistema para proteger a competição internacional dentro da Comunidade foi essencial para a formação do mercado comum. As ferramentas específicas da integração europeia, a prioridade dada ao mercado comum e a autoridade supranacional atribuída a Estados membros para a instituição do mercado comum diferenciam o regime europeu daquele estabelecido na OMC.[97]

A Comissão Europeia tem fortes poderes de investigação e de decisão. Um exemplo é a autoridade para determinar a restituição de ajuda que não seja compatível com as regras do mercado comum.[98] Inicialmente, como mencionado por Baudenbacher,[99] os Estados Membros da UE estavam relutantes em cumprir com os requisitos de notificação. A resposta das autoridades europeias – o Conselho, a Comissão e a Corte – foi aumentar a autoridade da Comissão. Isso teve um impacto significativo sobre a efetividade do atual sistema de controle, que apresenta as seguintes características:

– o sistema de notificação requer que o Estado Membro notifique a ajuda estatal antes de concedê-la, o que incentiva a transparência e permite a troca de informações entre as partes interessadas e os usuários do sistema;

– ampla autoridade concedida para a Comissão investigar as políticas domésticas e condenar ajuda estatal ilegal;

– caso um Estado Membro não cumpra com a decisão da Comissão, a autoridade dessa Comissão deve levar o caso à Corte de Justiça da UE ;

– a autoridade da Comissão deve requerer o reembolso da ajuda ilegal junto com o pagamento de penalidade com juros;[100]

97. V. preâmbulo do Art. 1(f) do Conselho de Regulação 659, de 1999, e Preâmbulo da Regulação da Comissão 794, de 2004.

98. Essa autoridade é baseada no Art. 88(1) do Tratado CE, segundo o qual a Comissão irá exercer, em cooperação com os Estados Membros, controle permanente dos regimes de auxílio nos Estados Membros citados. A comissão também irá propor medidas para serem levadas a estes, tendo em mente o desenvolvimento contínuo e a operação do mercado comum. Esse controle aplica-se para medidas em vigor, em novas medidas e medidas emendadas em programas existentes. Por exemplo, o Art. 21 da Regulamento (CE) 659/1999 requer que Estados Membros submetam relatórios anuais à comissão em todos os regimes de auxilio concedidos, incluindo aqueles que receberam a aprovação da comissão.

99. BAUDENBACHER, C. *A brief guide to European State aid law*, 1997, p. 50.

100. De acordo com o Regulamento 794/2004, o repagamento dos auxílios estatais restaura a situação existente anterior à concessão do auxílio ilegal.

– as partes interessadas, como competidores afetados por certo incentivo, podem recorrer diretamente à Comissão e requisitar uma investigação desafiando a legalidade da ajuda. Além disso, partes interessadas podem também recorrer às Cortes nacionais para obter reparação por perdas e danos causados por programas de subsídios que a Comissão tenha considerado ilegal;

O Sistema de Controle de Ajuda Estatal da UE apresenta certas características distintas que não estão presentes no regime da OMC. No entanto, certos aspectos do sistema podem inspirar mudanças nas regras negociadas em nível multilateral para criar condições em direção a um mecanismo mais efetivo.

5.3 Mudanças propostas para o sistema regulatório da OMC

Esta seção considera mecanismos que poderiam aumentar a efetividade do sistema da OMC para tratar dos efeitos distorcivos ao comércio de políticas agrícolas relacionadas às mudanças climáticas. Como os Membros da OMC continuam a desenvolver e implementar estratégias para reduzir as emissões de gases de efeito estufa, preocupações com os efeitos sobre o comércio são justificáveis, como demonstrado a seguir. Incentivar fontes de energia renovável é certamente uma alternativa capaz de reduzir as emissões de gases de efeito estufa. Portanto, é importante assegurar que os objetivos políticos legítimos sejam implementados, de modo a permitir uma mudança real e ajustes a mudanças climáticas, sem criar oportunidades para o protecionismo.

Isso pode ser atingido por meio de mecanismos que assegurem a transparência, o monitoramento e a cooperação internacional. De fato, incentivos para aumentar a transparência e a troca de informações foram fundamentais para aumentar a conformidade com o Sistema de Controle de Ajuda Estatal da UE.

O art. 18 do AsA estabelece as regras de implementação de compromissos e dispõe o seguinte:

> "2. O processo de revisão deve ser se iniciado com base nas notificações submetidas pelos Membros a tais assuntos e com periodicidade a ser determinada. Também, com base nos documentos, o Secretariado pode ser requisitado a preparar, com a finalidade de facilitar, o processo de revisão.
>
> 3. Além das notificações a serem submetidas sob o parágrafo 2, qualquer outra nova medida de apoio ou modificação de uma medida existente em que a isenção de redução seja reivindicada deve ser notificada de pronto. Essa notificação deve conter os detalhes da nova medida ou da medida refor-

mada, bem como sua conformidade com os critérios do Artigo 6 ou Anexo 2" (tradução livre).[101]

As notificações são um elemento importante para o processo de reforma estabelecido no AsA. O Artigo 25 do ASMC também exigia dos Membros da OMC a notificação dos subsídios. Como mencionado pelo Secretariado da OMC, "as notificações devem ser submetidas de acordo com a base de implementação anual relevante como especificado nos compromissos. Em cada caso, as notificações anuais devem ser submetidas após certo período de tempo a contar do fim do ano em questão".[102] O Comitê de Agricultura da OMC revê as notificações como parte de suas responsabilidades de observar como os Membros vêm cumprindo suas obrigações. O comitê ainda dá aos Membros da OMC uma oportunidade de levantar quaisquer preocupações sobre desenvolvimento das políticas agrícolas de seus parceiros comerciais. Por isso, evidências mostram que os Membros não cumpriram com esse requisito de maneira pontual.[103]

Além disso, informações reportadas com dados insuficientes e inconsistentes também provam o problema que têm prejudicado a efetividade das previsões de transparência do AsA. De acordo com o Secretariado da OMC, "informações quantitativas fornecidas nas notificações são caracterizadas pela falta de clareza e consistência, por exemplo, no que diz respeito ao uso de unidades de medida ou moedas utilizadas. A impressão é que nem todos os programas são notificados consistentemente, visto que programas desaparecem e reaparecem em notificações. Compilar todas as informações contidas nas no-

101. No original: "2. The review process shall be undertaken on the basis of notifications submitted by Members in relation to such matters and at such intervals as shall be determined, as well as on the basis of such documentation as the Secretariat may be requested to prepare in order to facilitate the review process. 3. In addition to the notifications to be submitted under paragraph 2, any new domestic support measure, or modification of an existing measure, for which exemption from reduction is claimed shall be notified promptly. This notification shall contain details of the new or modified measure and its conformity with the agreed criteria as set out either in Article 6 or in Annex 2".

102. V. WTO Secretariat, Compliance with Notification Obligations. Note by the Secretariat to the WTO Committee on Agriculture (G/AG/GEN/86/Rev.2), 6 Mar. 2010, p. 2.

103. Idem, ibidem, p. 14. Além disso: WTO Secretariat, Improvement of Timeliness and Completeness of Notifications: Members' Suggestions of 'Best Practices'. Note by the Secretariat to the WTO Committee on Agriculture (G/AG/W/73/Rev.2), 6 Sept. 2010.

tificações requer, portanto, um esforço interpretativo e analítico desses dados com a leitura cuidadosa".[104]

Steenblik e Simon sustentam que "uma falha fundamental em relatos de requerimentos é que, embora obrigatória, a aplicação de sanções pelo não cumprimento ou mau cumprimento é fraca. Isso encoraja a convergência em direção a um padrão mínimo ainda menor de relato e desencoraja países que poderiam apresentar um relatório mais completo. Medo da alta incriminação também está entre as razoes do baixo numero de relatos e sua incompletude".[105] Esse problema poderia ser equacionado se os Membros da OMC concordassem em criar incentivos para encorajar os Membros a notificar medidas de apoio doméstico consistentemente. Baseado na análise da experiência regulatória bem-sucedida em direito internacional, um incentivo que poderia ser desenhado para aumentar o cumprimento seria ligar os requisitos de notificação estabelecidos no Artigo 18 do AsA e no Artigo 25 do ASMC à presunção de prejuízo grave, previsto no Artigo 6.1 do ASMC. Esse mecanismo foi extinto, mas propostas referentes à sua renovação foram discutidas no contexto de negociações da Rodada Doha. Essa presunção mudaria o ônus da prova em disputas de subsídios acionáveis e faz com que o apoio doméstico não notificado esteja mais propício a ser desafiado na OMC. Como o Sistema de Controle de Ajuda Estatal da UE ilustra, esse tipo de incentivo induz ao cumprimento dos requisitos de notificação estabelecidos nas regras internacionais. Além disso, os Membros devem ser incentivados a notificar medidas de apoio doméstico antes de implementá-las.

O Artigo 10.3 do AsA é um exemplo de obrigação que inverteu o ônus da prova para reforçar as previsões de subsídios à exportação e para assegurar que "subsídios a exportação não sejam aplicados de maneira que resultem, ou ameacem, a circunvenção de compromissos de subsídios a exportação".[106] Uma solução similar pode ser desenhada para reforçar os mecanismos de monitoramento do AsA e ASMC.

Além disso, com relação à qualidade da informação reportada, os Membros da OMC devem aprovar um documento em que constam os requisitos mínimos e critérios para notificação. O documento desenhado pela Iniciativa Global de Subsídios (*Global Subsidies Initiative* – GSI) poderia ser usado como base para as negociações e é uma ferramenta valiosa para enfren-

104. V. OMC, *World Trade Report 2006: exploring the links between subsidies, trade and the WTO*, Geneva, 2006, p. 112.

105. V. STEENBLIK, R.; SIMON, J. *A new template for notifying subsidies to the WTO*, Geneva, International Institute for Sustainable Development, 2007.

106. Artigo 10.1 do AsA.

tar problemas inerentes ao formato atual de notificação, que contribui para a falta de cumprimento.[107]

A transparência e a troca de informações são a chave para nivelar países grandes e pequenos, ricos e pobres. A habilidade de um país de desafiar os subsídios de outros e/ou as medidas distorcivas ao comércio é desviada para esses países com os maiores recursos e presença internacional, que são mais capazes de monitorar o que ocorre no resto do mundo. As negociações da Rodada Doha ainda estão em andamento e isso apresenta uma oportunidade de avançar nos mecanismo de monitoramento do AsA e do ASMC à luz das sugestões apresentadas neste artigo. Os Membros da OMC identificaram isso como prioridade no contexto da Rodada.[108]

Disciplinar políticas agrícolas provou ser, por décadas, um difícil desafio a empreender. A transparência é um elemento vital do processo de reforma enquanto lança luz sobre as práticas dos Membros e permite às partes interessadas e à sociedade internacional examinar a consistência com a OMC.

As propostas apresentadas nesse artigo são ambiciosas e demandam vontade política para serem alcançadas; entretanto, na era da interdependência global, países são cada vez mais requisitados a restringir seus interesses nacionais e soberania[109] para endereçar questões comuns. Nesse caso em particular, a liberalização agrícola é uma questão comum, dado seu amplo efeito distributivo.

6. Conclusão

A pesquisa e monitoramento conduzidos ao redor do mundo nas últimas décadas forneceram evidências amplas do impacto das políticas agrícolas na produção, no meio ambiente e nas condições do solo. Há externalidades negativas e positivas ligadas à produção agrícola.. Por exemplo, a produção agrícola vai inevitavelmente envolver alguma poluição. Daí a importância de serem criados incentivos para permitir aos produtores mudar as práticas produtivas para sustentar a produção e ainda opor-se à poluição.

A mudança climática é uma preocupação real para o desenvolvimento sustentável da agricultura, tanto global quanto nacionalmente. Essa preocu-

107. Artigo 10.1 do AsA.

108. V., por exemplo, G-20 Proposal (JOB(07)/97); proposal submitted by the Cairns Group (JOB(07)/88), and G-20. Improving Monitoring and Surveillance Mechanisms, oct. 2005.

109. JACKSON, J. *Sovereignty, the WTO and changing fundamentals of international law*, 2006.

pação traz ao cenário a discussão sobre o nível apropriado de intervenção governamental para criar incentivos para a adoção de novas práticas agrícolas capazes de mitigar os efeitos das mudanças climáticas e, mais importante, criar as condições para uma agricultura mais sustentável no futuro. O desafio continua sendo definir o nível apropriado de intervenção, deixar os critérios claros e criar mecanismos para monitorar os resultados dos instrumentos políticos adotados.

A análise conduzida neste artigo demonstra que as atuais políticas agrícolas promovem sistemas produtivos que não são sustentáveis. As medidas que influenciam a produção, como tarifas e medidas domésticas de incentivo à produção criam externalidades ambientais e econômicas negativas e não são mecanismos efetivos para tratar das mudanças climáticas. No entanto, a análise da política agrícola americana indica que muitos desses instrumentos têm sido utilizados para enfrentar as mudanças climáticas.

Como o programa de reforma estabelecido sob o AsA tem como objetivo promover a transação em direção a uma agricultura mais sustentável, dissociada da produção, com impacto positivo no meio ambiente e nas mudanças climáticas. A extensão da intervenção governamental para apoiar a indústria de combustíveis renováveis levanta a preocupação quanto à habilidade do sistema multilateral de comércio de efetivamente disciplinar essas medidas. É, portanto, importante fortalecer as regras da OMC por meio de mecanismos de transparência aprimorados que permitam a troca de informações necessárias entre os Membros e criar condições melhores de acesso para tratar em nível multilateral as restrições comerciais que essas políticas criam.

A sugestão proposta neste artigo de fortalecer o sistema de monitoramento da OMC requer um nível de vontade política que atualmente não está presente nas negociações do comércio global. No entanto, a seriedade do problema demanda ações enérgicas e criativas dada a extensão da intervenção governamental distorciva no setor agrícola, que tem impactos consideráveis no meio ambiente e nas mudanças climáticas. Disciplinas internacionais efetivas são necessárias para proteger bens comuns identificados pela sociedade internacional, em especial em relação às mudanças climáticas e à liberalização agrícola.

Este livro foi composto
na fonte Minion Pro, corpo 11
e impresso em off-set.